改善に役立つ Excelによる QC手法の実践

Excel 2019対応

内田 治・平野綾子 著

●商標，登録商標
・Microsoft Excel は米国 Microsoft Corporation の米国およびそのほかの国における商標，登録商標です．
・本文中には，Ⓡマークなどを明記しておりません．

●ご注意および免責事項
① 本文に記載されている手順などの実行の結果，障害などが，万一発生しても，著者および弊社は，サポートの義務を負うものではありません．お客様の責任のもとでご利用ください．また，すべての環境での動作を保証するものではありません．
② 解説，出力例は 2019 年 7 月時点で最新版にあたる Excel 2016 で行っています．他のバージョンでは，出力画面が異なることがあります．
③ Excel は，バージョンアップされる可能性があります．これに伴い，本書の説明，機能，画面などが変更される可能性があります．

●カバーイラスト
Vector_s　stock.adobe.com

ま え が き

　製造業を中心として実施されるQC（品質管理）活動は，品質保証のための活動と改善活動に大別される．改善活動は問題解決活動とも呼ばれ，改善の対象は，製品の品質だけに限定されず，サービスの質，業務の質へと拡大されてきた．このため，QC活動はTQM（総合的品質管理）活動と呼ばれるようになり，業種や部門を問わずに導入され，今日まで発展を遂げてきた．

　本書は改善活動に焦点をあて，改善をどのように進めていくか，また，その過程で，QCの手法をどのように活用するかを解説したものである．

　さらに，本書の特徴は，手法の活用段階で，表計算ソフトウェアのExcelを活用し，その具体的な手順を詳細に解説しているところにある．

　本書の構成は次のようになっている．

　第1章は改善活動の概要と進め方を紹介している．

　第2章はデータの統計的なまとめ方を解説している．

　第3章から第8章では，改善活動で最もよく使われるQC七つ道具のうち，6つの道具（パレート図，ヒストグラム，散布図，グラフ，管理図，特性要因図）を1章ごとに取り上げて解説している．

　第9章では，層別の考え方と使い方を説明している．

　第10章は，総合事例として，QC手法を使った改善事例を紹介し，改善活動におけるQC手法の使い方と適用場面を解説した．

　なお，本書で使用しているExcelのバージョンはExcel 2016および2019である．

　本書が改善活動の一助になれば幸いである．

　最後に，本書の出版において，㈱日科技連出版社の鈴木兄宏さんには，企画から完成まで大変お世話になった．ここに記して感謝の意を表する次第である．

2019年9月

著者　内　田　　　　治

　　　平　野　綾　子

改善に役立つ Excelによる QC手法の実践
Excel 2019対応

まえがき　iii

第1章　QC的問題解決とQC手法　1
1.1　問題解決とは　2
1.2　QC手法　4
1.3　QCストーリー　8

第2章　データのまとめ方　11
2.1　データの種類　12
2.2　データの要約　14
2.3　Excelによるデータのまとめ方　22

第3章　パレート図　25
3.1　パレート図とは　26
3.2　Excelによるパレート図の作り方　31
3.3　正式なパレート図の作成方法　41
3.4　統計グラフによるパレート図の作り方　45

第4章　ヒストグラム　51
4.1　ヒストグラムとは　52
4.2　棒グラフによるヒストグラムの作り方　57
4.3　統計グラフによるヒストグラムの作り方　64

第5章　散布図　67
5.1　散布図とは　68
5.2　Excelによる散布図の作り方　71
5.3　相関係数とは　78
5.4　Excelによる相関係数の算出方法　80

目　次

第6章　グラフ　83
6.1　Excelのグラフ　84
6.2　Excelによるグラフの作り方　89
6.3　グラフの見やすさ　99

第7章　管理図　105
7.1　管理図とは　106
7.2　Excelによる$\bar{X}-R$管理図の作り方　112

第8章　特性要因図　123
8.1　特性要因図とは　124
8.2　Excelによる特性要因図の作り方　126
8.3　要因の絞り込み　133

第9章　層別　135
9.1　層別とは　136
9.2　Excelによる層別パレート図　138
9.3　Excelによる層別ヒストグラム　142
9.4　Excelによる層別散布図　148

第10章　改善活動とQC手法　151
10.1　問題の背景　152
10.2　QCストーリーによる改善活動の実践　153
10.3　PowerPointの活用　165

付　録　Excel 2016の新しいグラフ機能　169

A.1 名称ラベル付き散布図　170
A.2 ツリーマップ　172
A.3 箱ひげ図　174

参考文献　177
索引　179

第1章
QC的問題解決と QC手法

　企業活動では仕事の中で発生した問題を効率的に解決する能力，あるいは問題が発生する前に対策を施して，問題を回避する能力が要求されます．

　問題を解決する活動は，品質管理活動のねらいの一つで，改善活動と呼ばれています．

　QC的問題解決とは，QC的ものの見方・考え方（事実にもとづく判断や層別）とQC手法を活用しながら，効率的に問題を解決することです．

1.1 問題解決とは

■ 問題の定義と種類

　問題解決における問題とは，目標と現状の差と定義することができます．したがって，問題を解決するということは「目標と現状の差をなくす」ことです．
　問題解決活動は，問題を明確にすることから始まります．問題を明確にするということは，目標と現状を明確にすることで，目標と現状の一方，あるいは両方が不明確である状態では，問題が明確になっているとはいえません．
　問題には，現状が目標（基準）から逸脱していて，すでに好ましくない状態にある発生型の問題と，目標を高く設定して，現状との差を作り出す設定型の問題があります．問題解決活動を効率的に進めるには，問題の性格を把握し，その性格に合った手順を展開する必要があります．

■ QC的問題解決

　品質管理における問題解決活動では，QC的なものの見方・考え方で問題を解決していく方法が重視されます．QC的問題解決は方法と思想に特徴があります．
　方法面での特徴は，問題を効率的に解決していくところにあります．そのために，定石の手順に沿って問題解決活動を進めます．
　また，問題を科学的に解決するために，事実にもとづく管理が重要視されます．このために事実を示すデータが重要視され，数値データや言語データが集められます．集められたデータは，数値データならばQC七つ道具，言語データならば新QC七つ道具といった手法で分析します．
　思想面での特徴としては，重点指向，ばらつきの重視，プロセスの重視という考え方があります．
(1)　重点指向
　解決したときに効果の大きなものから優先して手をつけるという考え方．

(2) **ばらつきの重視**

同じ結果が得られるはずなのに，結果が異なっているという状況に着目し，問題の原因を探究する考え方．

(3) **プロセスの重視**

悪い製品が作られるのは，悪い作り方をしているからであると考えて，問題を生み出しているプロセスに着目する考え方．

これらの考え方にもとづいて，問題解決活動を進めていきます．仕事や作業上の困っていることをテーマに取り組むのが問題解決活動ですが，テーマは次のような観点から選定します．

① 品質第一

品質を最優先に考え，品質にかかわるテーマを取り上げていく姿勢．

② マーケット・イン

自分たちの利益よりも顧客の満足を優先して考え，お客様の満足度が向上するためのテーマを取り上げていく姿勢．

■ PDCA と問題解決

品質管理活動では，仕事を進めるときに PDCA のサイクル(管理のサイクル)を回すことを重要視しています(図1.1)．問題解決活動においても，PDCA を回しながら進めていくことで，抜け落ちのない問題解決活動を実施できます．

品質管理活動における問題解決活動は「改善活動」と呼ばれています．

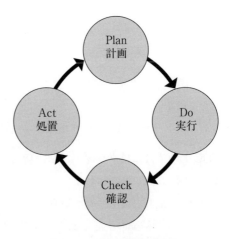

図1.1　PDCA のサイクル

1.2 QC手法

■ QC の基本的な道具

品質管理でよく用いられるデータ処理の手法として，QC 七つ道具と新 QC 七つ道具があげられます。

(1) QC 七つ道具

① 特性要因図
② グラフ
③ パレート図
④ ヒストグラム
⑤ 散布図
⑥ 管理図
⑦ チェックシート

(2) 新 QC 七つ道具

① 親和図
② 連関図
③ 系統図
④ マトリックス図
⑤ アロー・ダイヤグラム
⑥ PDPC
⑦ マトリックス・データ解析法

QC 七つ道具にはグラフの手法，新 QC 七つ道具には図解の手法が多くあります。図 1.2 に一例を示します。

QC 七つ道具と新 QC 七つ道具は，データの種類により使い分けられるだけでなく，改善活動の状況によっても使い分けられますが，このことは後ほど説明します。

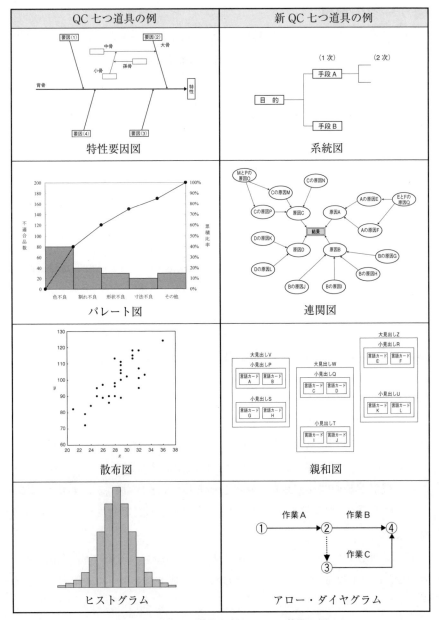

図1.2　QC七つ道具と新QC七つ道具の例

■ データの種類

QC 七つ道具や新 QC 七つ道具を活用するには，データの収集が必要になります．データは，次のように 2 つに大別されます(図 1.3)．

(1) 数値データ

体重や身長のように，数量で表現されるデータです．このデータ処理には，QC 七つ道具が適しています．

(2) 言語データ

人の意見や顧客のクレームのように，言葉で表現されるデータです．このデータ処理には，新 QC 七つ道具が適しています．

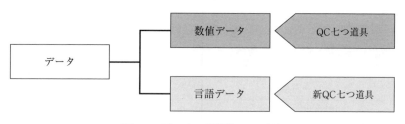

図 1.3　データの種類と QC 手法

■ Excel と QC 手法

QC 七つ道具は数値データを処理するグラフ的な手法が多いので，Excel を使うと簡単に QC 七つ道具を実践することができます(図 1.4)．

Excel には，表作成のほかに，グラフ作成や計算などのデータを処理するための機能が装備されており，内容も充実しています(図 1.5)．したがって，データにもとづく品質管理活動における改善活動には，非常に有効なツールとなります．

本書で使用する Excel のバージョンは 2016(2019 にも対応)です．第 2 章以降では，Excel 2016 を使った QC 七つ道具の作成方法を中心に紹介していきます．

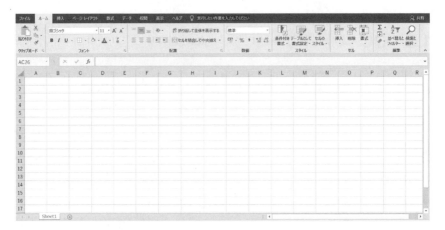

図 1.4　Excel 2016 の画面

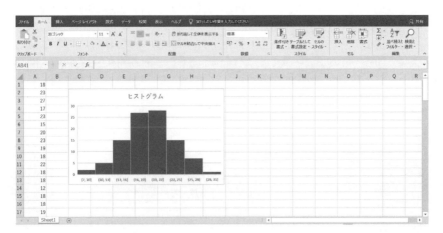

図 1.5　Excel 2016 のデータとグラフ

1.3 QC ストーリー

改善活動を効率的に進めるための手順として，品質管理の分野では，QC ストーリーと呼ばれる進め方が推奨されています．

QC ストーリーは改善活動の手順として用いられるだけでなく，活動の整理と報告・発表の手順として使うこともできます．最近の改善発表会は，PowerPoint と呼ばれるプレゼンテーションソフトが主流のようです（図 1.6）．したがって，PowerPoint のスライドも QC ストーリーの順序で作成していくとよいでしょう．PowerPoint は，文章や Excel で作った図表が自由に配置できるので，第三者に改善活動の経過や成果を報告するのに適しています．さらに，アニメーション機能や画面の切り替え機能が充実しているので，伝えたいことを強調することができ，効果的なプレゼンテーションを実施できます．

QC ストーリーには，問題解決型 QC ストーリーと課題達成型 QC ストーリーの 2 つのタイプがあります．

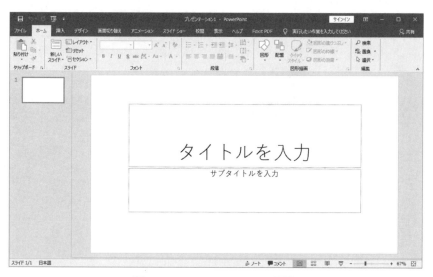

図 1.6　PowerPoint 2016 の画面

■ 問題解決型 QC ストーリー

問題解決型 QC ストーリーの具体的な手順は，次のとおりです．

① テーマの選定
② 現状の把握と目標の設定
③ 活動計画の作成
④ 要因の解析
⑤ 対策の検討と実施
⑥ 効果の確認
⑦ 標準化と管理の定着

不適合，故障と結果がすでに出ているテーマの場合は，不適合の原因を追究することが最も重要なプロセスになります．このようなテーマには問題解決型が向いており，QC 七つ道具がよく使われます．

■ 課題達成型 QC ストーリー

課題達成型 QC ストーリーの具体的な手順は，次のとおりです．

① テーマの選定
② 攻めどころと目標の設定
③ 方策の立案
④ 成功シナリオの追究
⑤ 成功シナリオの実施
⑥ 効果の確認
⑦ 標準化と管理の定着

新製品の製造や販売といった結果がまだ出ていないテーマの場合は，どのように成功させるかという目的に向かって，そのための方策を追究することが最も重要なプロセスになります．このようなテーマには課題達成型が向いており，新 QC 七つ道具がよく使われます．

第2章
データのまとめ方

　品質管理では，データにもとづいて判断・管理することを重要視しています．

　この章では，データのまとめ方について説明します．

　データをまとめるという処理は，問題解決における手順1，手順2，手順4，手順6のステップで行われることが多くあります．

2.1 データの種類

■ 性質によるデータの分類

品質管理で扱うデータは，数量で表現できるような数値データと，言葉や文章で表現されるような言語データに大別することができます（図2.1）．数値データは，さらに計量値，計数値，順位値の3つに分けることができます．

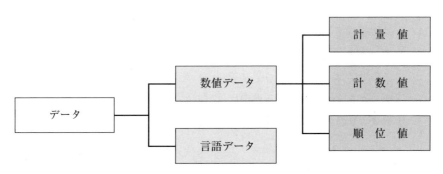

図2.1　性質によるデータの分類

■ 数値データ

(1) **計量値**

重量や寸法のように，「測る」ことで得られるデータで，1cm，1.1cm，1.001cmというように，測定器の精度によって何桁までも測定でき，連続的であるという特徴があります．

〈計量値の例〉
- 製品の重量
- 作業時間
- 食塩水の濃度

(2) **計数値**

不適合品の個数，欠勤者の人数，事故の件数のように，「数える」ことで得

られるデータで，1人，2人というように，小数点以下の数値はとらず，飛び飛びの値をとるので離散的であるという特徴があります．

〈計数値の例〉
- 製品の不適合品数
- キズの個数
- 事故の件数

(3) 順位値

1位，2位といった成績などの順位のように，「比べる」ことで得られるデータで，最初から順位値として得られる場合と，計量値や計数値を順位に変換する場合があります．計数値と同様に，離散的であるという特徴があります．

◆比率(割合)のとき

不適合品率(不適合品の占める割合)や食塩水の濃度(食塩の割合)のように，割り算して得られた比率のデータは，分子が計量値ならば比率は計量値，分子が計数値ならば比率は計数値として扱います．

たとえば，不適合品率は次のように計算されます．

$$不適合品率 = \frac{不適合品数}{生産数}$$

この場合は，分子となる不適合品数が「計数値」なので，不適合品率は「計数値」として扱うことになります．

■ 言語データ

顧客の感想や意見といった言語データは，数値では表現できないデータなので，非数値データという呼び方もされます．非数値データには，言語データのほかに，好き・嫌い，性別，材料の種類といったデータも含まれ，これらは単純分類値とも呼ばれます．また，非数値データを定性データ，数値データを定量データと呼ぶこともあります．

2.2 データの要約

■ 統計量による要約

データの集まりは，それらの「中心」と「ばらつき」を把握できるように要約するのが，データの基本的なまとめ方です．中心を示す数値としては，平均値と中央値があります．一方，ばらつきを示す数値としては，範囲，偏差平方和，分散，標準偏差があります．このような数値はデータにもとづいて計算され，統計量と呼ばれています．

■ 平均値

n 個のデータ $x_1, x_2, \cdots, x_n$ があるときに，これらのデータの平均値は，次のように計算されます．

$$\bar{x} = \frac{1}{n}(x_1 + x_2 + \cdots + x_n)$$

平均値は $\bar{x}$ という記号を使って表すのが一般的です．

◆平均値の求め方

次の5個のデータの平均値を求めてみましょう．

| 8 | 6 | 9 | 6 | 7 |

$$\bar{x} = \frac{1}{5} \times (8 + 6 + 9 + 6 + 7)$$

$$= \frac{1}{5} \times 36$$

$$= 7.2$$

平均値は原データの桁よりも1桁ないし2桁多く求めるとよいでしょう．

■ 中央値

n 個のデータ $x_1, x_2, \cdots, x_n$ があるときに，これらのデータを小さい順（あるいは大きい順）に並び替え，真ん中に位置する値を中央値（メディアン）といいます．中央値は Me という記号を使って表すのが一般的です．

◆中央値の求め方

次の 5 個のデータの中央値を求めてみましょう．

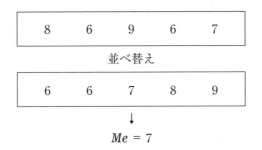

データが 6 個得られているときには，真ん中に位置するデータが 2 個存在することになりますので，このときには，その 2 個の平均値を中央値とします．

| 8 | 5 | 9 | 6 | 7 | 5 |

並べ替え

| 5 | 5 | 6 | 7 | 8 | 9 |

↓

$$Me = \frac{1}{2} \times (6 + 7)$$

$$= 6.5$$

データの中に外れ値（飛び離れた値）があるとき，平均値はその影響を受けやすく，中央値は影響を受けにくいという性質があります．

■ 最頻値

n 個のデータ $x_1, x_2, \cdots, x_n$ があるときに,最も頻繁に現れるデータを最頻値といいます.種類を示すデータや,計数値のような離散的なデータ,5 段階評価のようなデータに対して用いることが多いです.

◆最頻値の求め方

次の 5 個のデータの最頻値を求めてみましょう.

6 というデータが 2 個あり,その他のデータはすべて 1 個ずつですから,最も頻繁に現れるデータ,すなわち,最頻値は 6 となります.

■ 範囲

データの中の最大値と最小値の差を範囲といい,通常 R という記号で表します.範囲はばらつきの大きさを見るのに適しています.

$$R = 最大値 - 最小値$$

◆範囲の求め方

次の 5 個のデータの範囲を求めてみましょう.

| 8 | 6 | 9 | 6 | 7 |

最大値 = 9

最小値 = 6

↓

$R = 9 - 6 = 3$

◆範囲によるばらつきの比較

いま,2 つの測定器 A と B で同一の製品を 7 回ずつ測定し,次のような測定結果が得られたとしましょう.

```
（Aによる測定結果）
    11    14    16    18    21    22    24
（Bによる測定結果）
    16    17    18    18    18    19    20
```

AとBの範囲を求めると，次のようになります．

（Aによる測定結果）　$R = 24 - 11 = 13$

（Bによる測定結果）　$R = 20 - 16 = 4$

R の値はBによる測定結果のほうが小さくなっており，BのほうがAよりも，ばらつきが小さいことがわかります．

◆範囲に関する注意

範囲はデータの数が10のときにも，100のときにも，利用するデータは最大値と最小値の2つだけです．したがって，データの数が多いときには情報の損失が多くなってしまうので，データの数が少ない（10〜20以下）ときに利用するとよいでしょう．

■ 偏差と偏差平方和

範囲のほかに，データのばらつき程度を把握する方法を紹介します．

データのばらつきを見るために，まず，個々のデータが中心（平均値）から，どれだけ離れているかを考えます．

いま，n 個のデータ $x_1, x_2, \cdots, x_n$ があるとし，これらのデータのばらつきを見ることを考えます．

最初に，これらのデータの平均値 $\bar{x}$ を求めます．

次に，各データと平均値 $\bar{x}$ との差を求めます．

$$x_1 - \bar{x},\ x_2 - \bar{x},\ \cdots,\ x_n - \bar{x}$$

各データと平均値との差を「偏差」と呼びます．データが n 個あれば，偏

差も n 個求められることになります.

n 個の偏差の値は一つひとつ違っていて,同じ値になるとは限りませんから,偏差全体の大きさを考えることにします.このためには,偏差の合計値を求めればよさそうですが,偏差は平均値との差なので,平均値よりも大きなデータのときには＋,小さなデータのときには－の値となり,合計すると＋－相殺しあって,常に0になってしまいます.

$$(x_1 - \overline{x}) + (x_2 - \overline{x}) + \cdots + (x_n - \overline{x}) = 0$$

どのようなデータに対しても偏差を合計すると0になってしまい,偏差の合計値は,ばらつきの尺度としては使えません.そこで,各偏差を2乗してから合計することを考えます.

$$(x_1 - \overline{x})^2 + (x_2 - \overline{x})^2 + \cdots + (x_n - \overline{x})^2$$

このようにして得られた値のことを「偏差平方和」といい,S という記号で表します.ばらつきが大きくなると,偏差平方和の値も大きくなります.ばらつきがまったくないとき,すなわち,すべてのデータが同じ値のときには,偏差平方和は0となります.

◆**偏差平方和の求め方**

次の5個のデータの偏差平方和を求めてみましょう.

8	6	9	6	7

$\overline{x} = 7.2$

$S = (8 - 7.2)^2 + (6 - 7.2)^2 + (9 - 7.2)^2 + (6 - 7.2)^2 + (7 - 7.2)^2$

$ = 0.8^2 + (-1.2)^2 + 1.8^2 + (-1.2)^2 + (-0.2)^2$

$ = 0.64 + 1.44 + 3.24 + 1.44 + 0.04$

$ = 6.8$

■ 分散

偏差平方和は偏差の2乗の合計値ですから，データの数が多くなると，ばらつきの大きさに関係なく大きくなっていきます．これでは，データの数が異なるグループのばらつきを比較することができません．

そこで，偏差平方和 S をデータの数で調整することを考えます．具体的には偏差平方和を（データ数 -1）で割ることで調整します．このように計算した数値を「分散」と呼んでいます．分散は V あるいは s^2 で表します．

n をデータ数とすると，次のように計算されます．

$$V = \frac{S}{n-1}$$

◆分散の求め方

次の5個のデータの分散を求めてみましょう．

| 8 | 6 | 9 | 6 | 7 |

$S = 6.8$

$V = \dfrac{6.8}{5-1} = 1.7$

◆分散によるばらつきの比較

いま，2つの測定器AとBで同一の製品をAで25回，Bで6回測定し，次のような測定結果が得られたとしましょう．

```
（Aによる測定結果）
    9    9   10   10   10   10   11   11   11
   11   11   11   11   11   11   11   11   11
   11   12   12   12   12   13   13
（Bによる測定結果）
    8   10   11   11   12   14
```

AとBの分散を求めると，次のようになります．

（Aによる測定結果）　$S = 24$　　$V = 1$

（Bによる測定結果）　$S = 20$　　$V = 4$

Aのほうが分散の値が小さく，ばらつきが小さいことがわかります．

■ 標準偏差

平均値の単位は，元のデータの単位と同じです．たとえば，重量が10gと20gの製品の平均値は15gとなります．しかし，偏差平方和の単位は，計算の過程でデータを2乗しているため，もとのデータの単位を2乗したものになります．分散の単位も，偏差平方和を（データ数 − 1）で割っただけなので，偏差平方和の単位と同じく，元のデータの単位を2乗したものになります．

そこで，単位を元のデータの単位にそろえるために，分散の平方根をとることを考えます．この数値を「標準偏差」といいます．標準偏差はsという記号を用いて，次のように計算されます．

$$s = \sqrt{V} = \sqrt{\frac{S}{n-1}}$$

◆標準偏差の求め方

次の5個のデータの標準偏差を求めてみましょう．

| 8 | 6 | 9 | 6 | 7 |

$S = 6.8$

$V = \dfrac{6.8}{5-1} = 1.7$

$s = \sqrt{V}$

　$= \sqrt{1.7}$

　$= 1.304$

Point 偏差平方和の計算方法

偏差平方和 S を先ほど次のように計算しました.

$$S = (8-7.2)^2 + (6-7.2)^2 + (9-7.2)^2 + (6-7.2)^2 + (7-7.2)^2$$
$$= 0.8^2 + (-1.2)^2 + 1.8^2 + (-1.2)^2 + (-0.2)^2$$
$$= 0.64 + 1.44 + 3.24 + 1.44 + 0.04$$
$$= 6.8$$

しかし,筆算で計算するときやデータが多いときには,次のように計算するほうが早く算出できます.

$$S = (個々のデータ)^2 の合計 - \frac{合計^2}{データ数}$$

$$= 8^2 + 6^2 + 9^2 + 6^2 + 7^2 - \frac{36^2}{5}$$

$$= 6.8$$

$\dfrac{合計^2}{データ数}$ のことを修正項と呼んでいます.

2.3 Excelによるデータのまとめ方

　改善活動において集めたデータを要約するときには，Excelを使う方法が効率的です．Excelは，グラフ作成やデータを処理するための機能が充実しており，前節で説明した平均値，中央値，範囲，偏差平方和，分散，標準偏差などの統計量を求める計算は，関数を使って簡単に行うことができ，電卓を用いた計算よりも時間を短縮できます．また，関数を使って計算結果を求めておけば，データを変えたときに，計算結果も自動的に変わるので，同じような計算を繰り返すときにも便利です．以下にExcelの関数による統計量の算出方法を紹介します．

　※統計量は関数による方法のほかに，分析ツールという機能でも算出できます．

例題 2-1

表2.1のデータはある飴玉を10個選んで重さ(g)を測定したものである．

表2.1　データ

| 11 | 16 | 12 | 13 | 11 |
| 18 | 18 | 17 | 18 | 22 |

以下の統計量を求めなさい．
① 平均値
② 中央値
③ 範囲
④ 偏差平方和
⑤ 分散
⑥ 標準偏差

■ Excel による統計量の求め方

Excel の関数を使って統計量を求めましょう．

手順1．データの入力

セル A2 から A11 にデータを入力します．

	A
1	飴玉の重さ
2	11
3	16
4	12
5	13
6	11
7	18
8	18
9	17
10	18
11	22

手順2．統計量の計算

次のように，セル D2 から D9 に関数を入力していきます．

D2　=AVERAGE(A2:A11)

	A	B	C	D
1	飴玉の重さ			
2	11		平均値	15.6
3	16		中央値	16.5
4	12		最大値	22
5	13		最小値	11
6	11		範囲	11
7	18		偏差平方和	122.4
8	18		分散	13.6
9	17		標準偏差	3.687818
10	18			
11	22			

◆セルに入力する数式・関数

[D2] ＝ AVERAGE（A2：A11）
[D3] ＝ MEDIAN(A2：A11)
[D4] ＝ MAX(A2：A11)
[D5] ＝ MIN(A2：A11)
[D6] ＝ D4 － D5
[D7] ＝ DEVSQ(A2：A11)
[D8] ＝ VAR(A2：A11)　　または　＝VAR.S(A2：A11)
[D9] ＝ STDEV(A2：A11)　または　＝STDEV.S(A2：A11)

Point　分析ツール

Excelには分析ツールと呼ばれるアドインソフトが装備されています．
アドインソフトを導入するには，Excelのメニューから［ファイル］→［オプション］→［アドイン］と選択して，［管理］の［Excelアドイン］を選択します．そして，［設定］をクリックすると，［アドイン］画面が現れますから，［分析ツール］と［分析ツールVBA］にチェックを入れて，OKをクリックします．
導入後は，メニューから［データ］をクリックすると，［データ分析］というメニューが現れますので，そこをクリックすると，［データ分析］画面が現れます．この中の［基本統計量］を選択して，データの範囲を指定して［統計情報］を選んで実行すると，平均，標準誤差，中央値，最頻値，標準偏差，分散，尖度，歪度，範囲，最小，最大，合計といった統計量を一度に求めることができます．

第3章
パレート図

　重要な問題を優先し，人・物・金を投入して解決するという姿勢を重点指向といいます．重点指向を実践するときに有効な手法としてパレート図があります．
　この章ではパレート図の作り方と使い方を中心に説明します．
　パレート図は，問題解決における手順1，手順2，手順6のステップで使うことが多くあります．

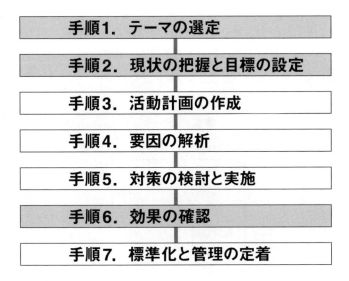

3.1 パレート図とは

複数の問題が存在するときに，重要な問題から解決していく考え方や，問題を引き起こしている原因が複数存在するときに，問題に対する影響度の高い原因から対策を打つという考え方を重点指向といいます．パレート図は，重点指向を実践するのに役立つ手法です．

パレート図は，棒グラフと折れ線グラフを組み合わせた複合グラフです．棒グラフで数量(たとえば，不適合品の数や故障の件数)を示し，折れ線グラフで各項目が全体の何%を占めるか(累積比率)を示します．棒グラフに対応する軸目盛が左側の縦軸で，折れ線グラフに対応する軸目盛が右側の縦軸になっています．

パレート図を作成することにより，問題の大きさや順位がわかり，同時に，全体の問題に対してどの程度の割合を占めているかを発見することができます．

例題 3-1

あるタクシー会社がお客様の忘れ物の低減活動に取り組むことになり，半年間の忘れ物の内容と件数を調べたところ，財布，携帯電話，袋物，衣類，その他の5種類の忘れ物があった．表3.1のデータをパレート図で表現しなさい．

表3.1　データ

忘れ物	データ
袋物	407
衣類	714
財布	225
携帯電話	1384
その他	270

■ パレート図の考え方

パレート図を作成するときは，次のような集計作業を行います．

① 各忘れ物の件数を集計し，その数の大きい順に並べる．
② 各忘れ物は全忘れ物の何%を占めるかを計算する．

上記の①により，どのような忘れ物が多いのかを発見することができます．また，②により，1つの忘れ物の項目を0にすることができた場合，それは全体の忘れ物の何%を減少させることになるのかを発見することができます．パレート図は，①と②の結果を視覚的に表現したもので，図3.1に示すようなグラフになります．

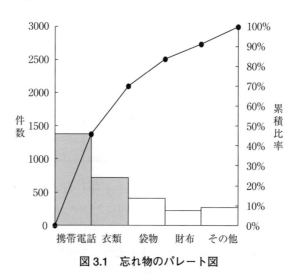

図 3.1　忘れ物のパレート図

■ パレート図の見方

忘れ物のパレート図を見ると，携帯電話の忘れ物が最も多く，全忘れ物の50%近くを占めていることがわかります．また，2番目に多いのは衣類の忘れ物で，1番目の携帯電話と合わせると，全体の70%近くを占めていることがわかります．したがって，忘れ物を効率的に減らすための活動方針として，携帯電話の忘れ物だけに注目するか，または，携帯電話と衣類に注目して，対策

を考えていくという結論が導かれます．

一般に，
- 全体の 70 〜 80% を占める項目
- 上位 1 〜 3 位の項目

の双方を睨みながら重要視する項目を絞っていくとよいでしょう．

■ パレート図の一般的な作り方

パレート図の一般的な作成手順を次に示します．

手順1．データの入力

忘れ物のデータを収集し，項目別に件数を集計します．

忘れ物	データ
袋物	407
衣類	714
財布	225
携帯電話	1384
その他	270

手順2．データの並び替え

忘れ物の項目を数の大きい順に並べ替えます．このとき，「その他」は数量の大きさにかかわらず，最後におきます．

忘れ物	データ
携帯電話	1384
衣類	714
袋物	407
財布	225
その他	270

手順 3. 合計の計算

データの合計を求めます．

忘れ物	データ
携帯電話	1384
衣類	714
袋物	407
財布	225
その他	270
合計	3000

手順 4. 累積比率の計算

第1位の項目から順次加えて，累積数を求めます．

忘れ物	データ	累積数
携帯電話	1384	→1384
衣類	714	1384+714=2098
袋物	407	2098+407=2505
財布	225	2505+225=2730
その他	270	2730+270=3000
合計	3000	

全体の合計に対する累積数の比率を求めます．

忘れ物	データ	累積数	累積比率
携帯電話	1384	1384	1384÷3000=0.4613
衣類	714	2098	2098÷3000=0.6993
袋物	407	2505	2505÷3000=0.8350
財布	225	2730	2730÷3000=0.9100
その他	270	3000	3000÷3000=1.0000
合計	3000		

手順5. グラフの作成

忘れ物の件数は棒グラフで示し，累積比率は折れ線グラフで示します．

棒グラフに対応する軸目盛を左側の縦軸にとり，折れ線グラフに対応する軸目盛を右側の縦軸にとります．

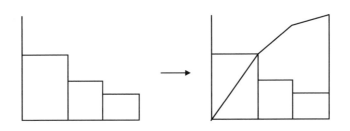

Point　「その他」の扱い

パレート図の集計データに「その他」の項目があるときは，数量の大小にかかわらず，右端に「その他」を表示させるのが一般的です．

そのためには，「その他」を集計表の一番最後に記入し，「その他」を除いて数量が多い順に並び替えを行い，パレート図を作成します．

この例題では，最初から「その他」という項目にしていますが，もともとの忘れ物の中に「その他」という忘れ物などありません．携帯電話，衣類，袋物，財布以外の数量の少ない忘れ物を一つにまとめて「その他」としているのです．棒の低い項目が右端のほうに多く並ぶと，パレート図は見にくいものになってしまうことがありますから，このように「その他」とまとめてしまうことで，棒の数を減らしているのです．個々の項目では数量が少なかったものをまとめたものが「その他」ですから，「その他」は右端の最後に置くのが自然です．

なお，この例題で，「その他」の中身を調べたとして，仮に財布の225よりも数量の大きな忘れ物があったとしたら，それは不自然なまとめ方になっていることになります．

3.2 Excelによるパレート図の作り方

例題 3-1 のデータをパレート図にまとめましょう．

手順 1．データの入力
セル A1 から B6 に項目およびデータを入力します．

	A	B
1	忘れ物	データ
2	袋物	407
3	衣類	714
4	財布	225
5	携帯電話	1384
6	その他	270

手順 2．データの並べ替え
セル A1 から B5 をドラッグします(「**その他**」は含めません)．

	A	B
1	忘れ物	データ
2	袋物	407
3	衣類	714
4	財布	225
5	携帯電話	1384
6	その他	270

メニューから［**データ**］→［**並べ替え**］と選択します．

次のような画面が表示されたら，
　　［**最優先されるキー**］に［**データ**］
　　［**順序**］に［**大きい順**］
と設定します．

OK をクリックすると，次のようにデータが並べ替えられます．

	A	B
1	忘れ物	データ
2	携帯電話	1384
3	衣類	714
4	袋物	407
5	財布	225
6	その他	270

手順 3. 合計値の計算

セル B7 に合計値を算出します．

	A	B
1	忘れ物	データ
2	携帯電話	1384
3	衣類	714
4	袋物	407
5	財布	225
6	その他	270
7		3000

◆セルに入力する数式・関数

[B7]　= SUM(B2：B6)

手順 4. 累積比率の計算

セル C2 から C6 に累積比率を算出します．

3.2 Excelによるパレート図の作り方

◆セルに入力する数式・関数

［C2］　= SUM($B$2：B2)/$B$7　　※C2をC3からC6まで複写する．

※累積比率の桁数をそろえておくと，見やすくなります．

手順 5．グラフの作成

セル A1 から C6 をドラッグし，メニューから［**挿入**］→［**複合グラフの挿入**］と選択します．このとき，グラフの種類は［**組み合わせ**］の［**集合縦棒－第2軸の折れ線**］の を選択します．

次のようなグラフが作成されます．

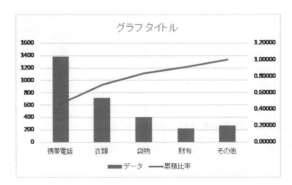

手順6. グラフの修正

1) データに対する左縦軸の目盛修正

左縦軸の任意の数値をダブルクリックすると，[**軸の書式設定**]画面が表示されるので，[**軸のオプション**]から境界値の

　　[**最小値**] → 「0」

　　[**最大値**] → 「3000」（データの合計値）

と設定し，[**目盛**]から，

　　[**目盛の種類**] → [**内向き**]

と設定します．

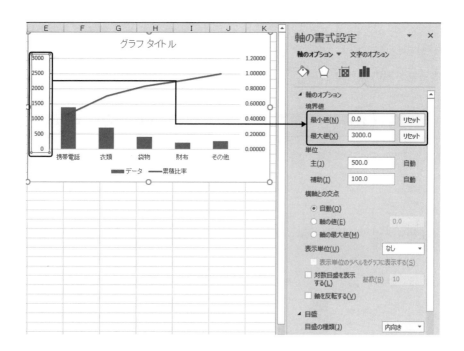

2) 累積比率に対する右縦軸の目盛修正

右縦軸の任意の数値をクリックすると，右縦軸の[**軸の書式設定**]画面が表示されるので，[**軸のオプション**]から境界値の

［最小値］→「0」
　　　［最大値］→「1」
と設定し，［目盛］から，
　　　［目盛の種類］→［内向き］
と設定します．

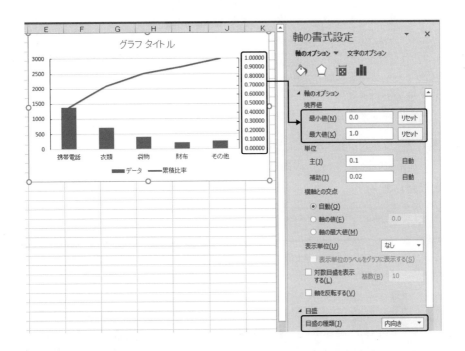

　また，［表示形式］からカテゴリの
　　　［パーセンテージ］
　　　［小数点以下の桁数］→「0」
と設定しておくと，グラフが見やすくなります．

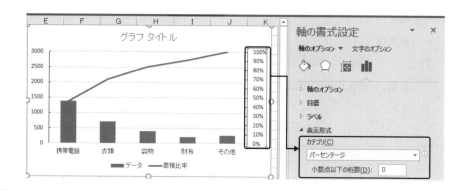

3) 横軸の目盛修正

横軸の任意のカテゴリをクリックすると，横軸の[**軸の書式設定**]画面が表示されるので，[**目盛**]から，

　　[**目盛の種類**]→[**内向き**]

と設定します．

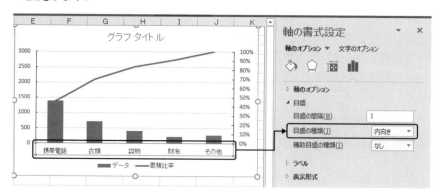

4) 棒の間隔の修正

グラフ中の任意の棒をクリックすると，[**データ系列の書式設定**]画面が表示されるので，[**系列のオプション**]から，

　　[**要素の間隔**]→「**0%**」

と設定します．

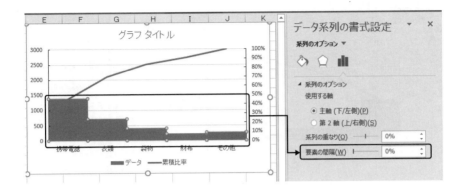

5) 棒の枠線の表示

グラフ中の任意の棒をクリックし，メニューから［**書式**］→［**図形の枠線**］と選択して任意の色を指定すると，指定された色の枠線が表示されます．

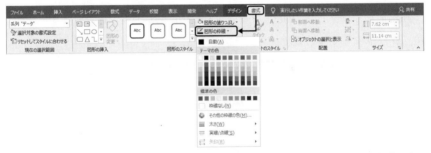

※ 棒の色を変更する場合は［**書式**］→［**図形の塗りつぶし**］と選択して，任意の色を指定します．

6) 軸ラベルの表示

グラフをクリックし，［**グラフ要素**］→［**軸ラベル**］にチェックを入れると，縦軸と横軸にラベルが追加されます．

左縦軸に「**件数**」，右縦軸に「**累積比率**」と入力し，横軸ラベルは Delete キーで消します．

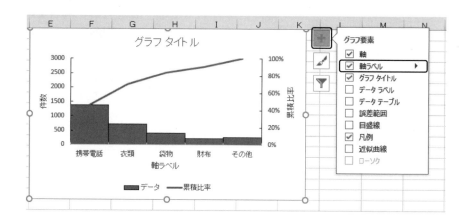

7) 目盛線と凡例の非表示

　グラフ縦軸の任意の目盛線をクリックし，Deleteキーを押すと，目盛線が非表示になります．

　凡例をクリックしてDeleteキーを押すと，凡例が非表示になります．

8) グラフタイトルの変更

　グラフタイトルを「**忘れ物件数のパレート図**」に変更します．

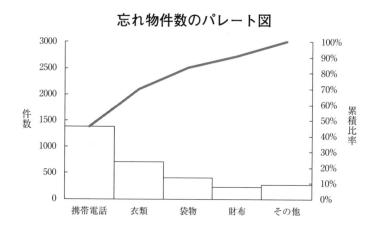

9) フォントの変更

グラフの文字や数字を見やすい大きさや書体に変更します．

グラフの外側をクリックし，メニューから［ ホーム ］→［ フォント ］で文字や数字のフォントが変更できます．

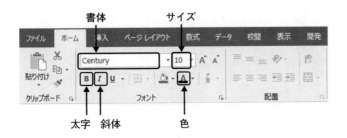

以上の操作を行い，体裁を整えると(縦軸ラベルを縦書きに変更，折れ線にマーカーを設定)，次のようなパレート図が完成します．

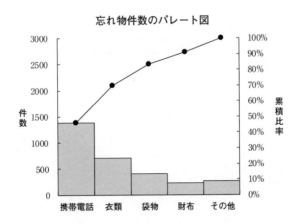

今までに紹介した方法で作成したパレート図は，折れ線の各点が棒の上中央と対応しています．このパレート図からでも情報は読み取れますが，正式なパレート図は，折れ線の各点が棒の右上角と対応しています．正式なパレート図を Excel で作成する方法については，次節で紹介します．

Point 「その他」の扱い

　Excel 2016 から，グラフにパレート図のメニューが追加されており，データ項目を度数の大きい順に並べ替えや累積比率の計算をしなくても，表3.1のデータから，[挿入]→[ヒストグラム]→[パレート図]と選択してパレート図を作成することができます．

　ただし，データ項目は度数により自動で並べ替えられてしまうため，データに「その他」の項目がある場合，「その他」が他の項目より度数が大きいと項目の最後にならないため注意が必要です．

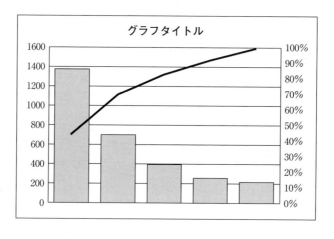

3.3 正式なパレート図の作成方法

例題 3-1 のデータを使って，正式なパレート図を作成しましょう．

手順 1 から手順 4 は以下のようになり，「3.2 Excel によるパレート図の作り方」と同様です．

手順 1. データの入力
手順 2. データの並べ替え
手順 3. 合計値の計算
手順 4. 累積比率の計算

手順 5. 累積比率の再入力

C 列の累積比率を D 列に 1 行ずらして入力します．このとき，セル D2 には 0(ゼロ)と入力します．

	A	B	C	D
1	忘れ物	データ	累積比率	累積比率
2	携帯電話	1384	0.46133	0
3	衣類	714	0.69933	0.46133
4	袋物	407	0.83500	0.69933
5	財布	225	0.91000	0.83500
6	その他	270	1.00000	0.91000
7		3000		1.00000

◆セルに入力する数式・関数

［D2］　0
［D3］　= C2　※D3 を D4 から D7 まで複写する．

手順 6. グラフの作成

1) 範囲の指定

セル A1 から B6 をドラッグし，さらに Ctrl キーを押したまま，D1 から D7 をドラッグします．

2) グラフの挿入

メニューから［**挿入**］→［**複合グラフの挿入**］と選択します．このとき，グラフの種類は［**組み合わせ**］の［**集合縦棒－第2軸の折れ線**］の を選択します．

手順7．グラフの修正

グラフを修正して，正式なパレート図を完成させます．

データに対応する棒の間隔，縦軸の目盛を調整して，グラフタイトルと縦軸ラベルを付けて体裁を整えると，次のようなグラフが作成されます．

※「3.2　Excelによるパレート図の作り方」の手順6と同様です．

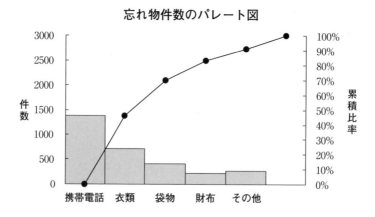

手順 8. グラフの再修正

1) 第 2 横軸の表示

グラフをクリックし，［**グラフ要素**］→［**軸**］→［**第 2 横軸**］にチェックを入れると，グラフ上部に第 2 横軸が追加されます．

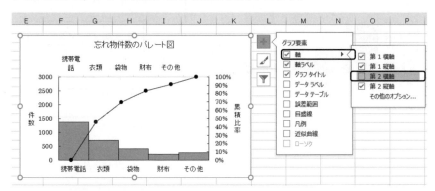

2) 第 2 横軸の設定

グラフの任意の第 2 横軸をダブルクリックすると，［**軸の書式設定**］画面が表示されるので，［**軸位置**］のラジオボタンを，

　　　［**目盛の間**］　　→［**目盛**］

と設定し，［**目盛**］から，

　　　［**目盛の種類**］　→［**なし**］

　　　［**補助目盛の種類**］→［**なし**］

と設定し，［**ラベル**］から，

　　　［**ラベルの位置**］　→［**なし**］

と設定します．

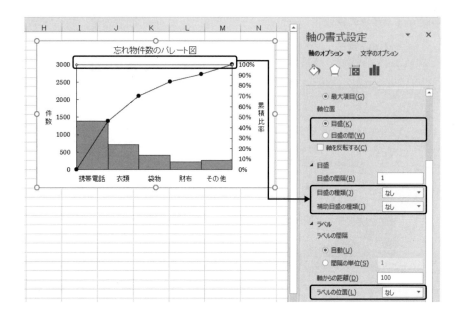

以上の操作で，正式なパレート図が完成します．

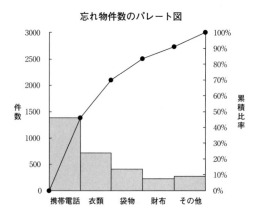

3.4 統計グラフによるパレート図の作り方

Excel 2016 から，集計表から自動で項目を並べ替えてパレート図を作成してくれる統計グラフの機能が追加されています．この機能は，項目を度数順に並べ替えるため，「その他」の項目の数が他の項目の数より大きいときにはうまくいきませんが，「その他」の項目がないデータでは，早く簡単にパレート図を作成できて非常に便利です．

例題 3-1 のデータ（表 3.1）から「その他」の項目を抜いた表 3.2 のデータを，統計グラフを使ってパレート図にまとめてみましょう．

表 3.2　データ

忘れ物	データ
袋物	407
衣類	714
財布	225
携帯電話	1384

手順 1.　データの入力

セル A1 から B6 に項目およびデータを入力します．

	A	B
1	忘れ物	データ
2	袋物	407
3	衣類	714
4	財布	225
5	携帯電話	1,384

手順 2.　合計値の計算

セル B6 に合計値を算出します．

	A	B
1	忘れ物	データ
2	袋物	407
3	衣類	714
4	財布	225
5	携帯電話	1,384
6		2730

46　第3章　パレート図

◆セルに入力する数式・関数

［B6］＝ SUM(B2：B5)

手順 3.　グラフの作成

セル A1 から B5 をドラッグし，メニューから ［ **挿入** ］→［ **統計グラフの挿入** ］と選択します．このとき，グラフの種類は［ **ヒストグラム** ］のを選択します．

次のようなグラフが作成されます．

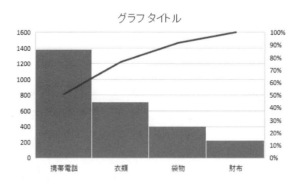

項目が度数順に自動で並べ替えられており，累積比率の計算もされています（折れ線で表示）．しかし，度数（左）の縦軸と累積比率（右）の縦軸目盛が対応していないため，軸の修正が必要です．

手順4． 縦軸の目盛修正

左縦軸の任意の数値をダブルクリックすると，［軸の書式設定］画面が表示されるので，［軸のオプション］から境界値の

　　［最小値］→「0」

　　［最大値］→「2730」　　※データの合計値

と設定し，［目盛］から，

　　［目盛の種類］→［内向き］

と設定します．

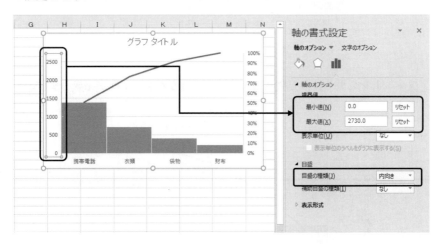

右縦軸と横軸の目盛の向きも内向きに変更しておきます．さらに，棒に枠線を付け，グラフタイトルと軸ラベルを表示し，目盛線を非表示にします(3.2節の手順を参照)．

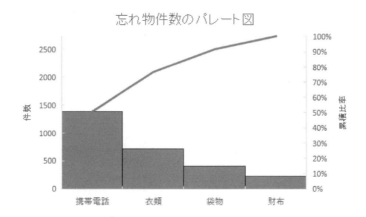

フォントを変更し体裁を整えると，次のようなパレート図が完成します．

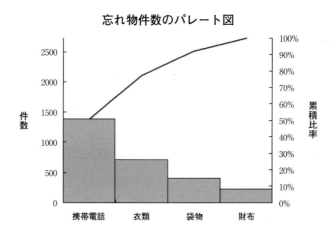

3.4 統計グラフによるパレート図の作り方

Point　グラフ目盛の向きについて

グラフの目盛の向きが外向きか内向きかは好みの問題もありますので，どちらが正式ということではありませんが，QC活動で使われるグラフは内向きとしているものが多いので，本書でも内向きを標準としています．

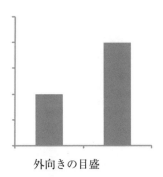
外向きの目盛

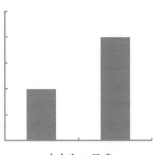
内向きの目盛

第4章
ヒストグラム

　数量データを集めたときに，中心の位置やばらつきを視覚的に把握するのに有効な手法がヒストグラムです．この章ではヒストグラムの作り方と使い方を中心に説明します．

　ヒストグラムは，問題解決における手順2，手順4，手順6のステップで使うことが多くあります．

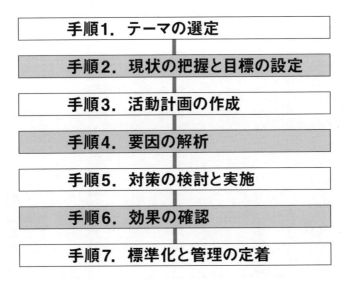

4.1 ヒストグラムとは

　製品の品質を調べるには，製品に関するデータを収集し，どんな値のデータが多いのか，どの程度の範囲でばらついているのかを把握する必要があります．このためには，度数分布表と呼ばれる集計表を作ります．度数分布表は，データの範囲を適当な区間に分割し，各区間に存在するデータの個数（度数）を集計した表です．ヒストグラムは，この度数分布表の度数を縦軸にとり，横軸に区間をとった棒グラフです．ヒストグラムで表現されるデータは，計量値（測って得る値）です．

例題 4-1

　表4.1のデータは，ある製菓店が製造したクッキーを100個選び，その重量について測定したものである．このデータをヒストグラムで表現しなさい．

表4.1　データ

クッキーの重さ(g)				
3.5	3.5	4.0	3.7	3.1
4.4	4.2	3.5	3.3	3.5
3.1	3.4	3.3	3.4	3.4
3.3	3.8	3.6	3.0	3.4
3.8	3.9	4.1	3.2	2.8
3.6	3.4	3.6	3.4	3.4
3.6	3.0	3.9	3.7	3.5
3.3	3.2	3.6	3.3	3.6
3.2	3.0	3.4	3.3	3.0
3.3	3.5	3.4	3.8	3.5
3.7	3.7	3.3	3.2	3.6
3.9	3.9	3.5	3.6	3.2
3.9	4.1	3.5	3.4	3.8
4.2	3.5	3.3	3.4	3.1
3.7	3.6	3.4	3.5	2.8
3.7	3.6	3.7	3.2	3.4
3.4	3.6	3.5	3.7	3.4
3.9	3.2	3.5	3.1	3.0
3.1	3.7	3.1	3.3	3.3
3.9	3.9	3.4	3.8	3.8

■ ヒストグラムの例

例題 4-1 のデータをヒストグラムで表現すると，図 4.1 のようになります．

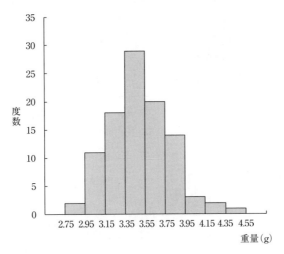

図 4.1 「クッキーの重さ」のヒストグラム

3.35g から 3.55g のクッキーが最も多く作られていて，3.35g よりも軽くなるほど，また，3.55g よりも重くなるほど，個数が減っていることがわかります．

■ ヒストグラムの見方

ヒストグラムを作成することで，

① 中心の位置
② ばらつき
③ 分布の形
④ 飛び離れた値の有無

などを，視覚的に把握できるようになります．

分布の形には，図 4.2 のように，いくつかの代表的なパターンがあります．

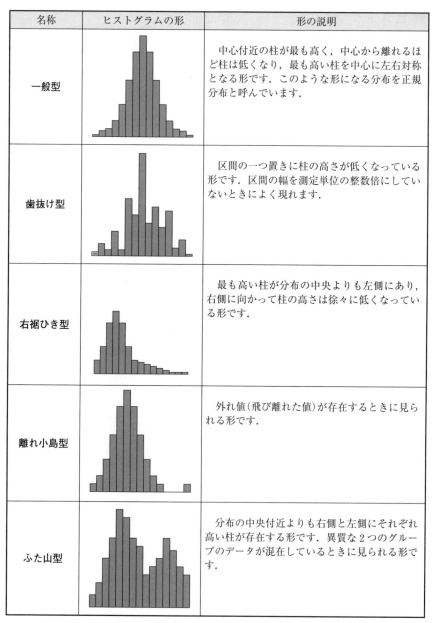

図 4.2　代表的なヒストグラムの形

品質管理では，図 4.3 のようにヒストグラムに規格線を記入して，どのように不適合が起きているかを視覚的に捉えることも行われます．

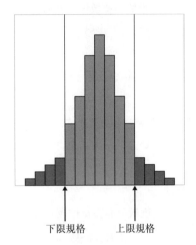

図 4.3　規格線を記入したヒストグラム

■ ヒストグラムの一般的な作り方

ヒストグラムの一般的な作成手順を次に示します．

手順 1．データの入力

データを収集して，入力します．

手順 2．統計量の計算

1) データ数 n を集計します．
2) 範囲 R を計算します．
   $R = 最大値 - 最小値$
3) 区間の数(柱の数) k を決めます．
   k は $\sqrt{n}$ に近い整数を目安にするとよいでしょう．

4) 区間の幅(柱の幅)hを計算します.

$h = R / k$

ここでhをデータの測定単位の整数倍に丸めます.

5) 最初の区間の下側境界値A_0を決めます.

$A_0 = $最小値$-$(測定単位$/2$)

6) 最初の区間の上側境界値A_1を決めます.

$A_1 = A_0 + h$

A_1は次の区間の下側境界値でもあります.

以降,幅hを順次加えていき,最大値を含む区間まで続けます.

手順3. 度数分布表の作成

各区間ごとの度数を数え,度数分布表を作成します.

度数分布表

区間	下側境界値	上側境界値	中心値	度数
1	A_0	$A_0 + h$	$(2A_0 + h)/2$	f_1
2	$A_0 + h$	$A_0 + 2h$	$(2A_0 + 2h)/2$	f_2
3	$A_0 + 2h$	$A_0 + 3h$	$(2A_0 + 3h)/2$	f_3
⋮	⋮	⋮	⋮	⋮

手順4. ヒストグラムの作成

度数分布表をヒストグラムで表現します.棒グラフを作成し,棒と棒の間は空けないようにします.

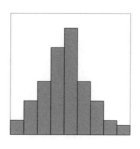

4.2 棒グラフによるヒストグラムの作り方

例題 4-1 のデータをヒストグラムにまとめましょう.

手順 1. データの入力

セル A2 から A101 にデータを入力します.

	A
1	クッキーの重さ
2	3.5
3	4.4
4	3.1
5	3.3
6	3.8
7	3.6
8	3.6
9	3.3
10	3.2
11	3.3
12	3.7
13	3.9
14	3.9
15	4.2
16	3.7
17	3.7
18	3.4
19	3.9
20	3.1
21	3.9
22	3.5
23	4.2
24	3.4
25	3.8
26	3.9

	A
27	3.4
28	3.0
29	3.2
30	3.0
31	3.5
32	3.7
33	3.9
34	4.1
35	3.5
36	3.6
37	3.6
38	3.6
39	3.2
40	3.7
41	3.9
42	4.0
43	3.5
44	3.3
45	3.6
46	4.1
47	3.6
48	3.9
49	3.6
50	3.4
51	3.4

	A
52	3.3
53	3.5
54	3.5
55	3.3
56	3.4
57	3.7
58	3.5
59	3.5
60	3.1
61	3.4
62	3.7
63	3.3
64	3.4
65	3.0
66	3.2
67	3.4
68	3.7
69	3.3
70	3.3
71	3.8
72	3.2
73	3.6
74	3.4
75	3.4
76	3.5

	A
77	3.2
78	3.7
79	3.1
80	3.3
81	3.8
82	3.1
83	3.5
84	3.4
85	3.4
86	2.8
87	3.4
88	3.5
89	3.6
90	3.0
91	3.5
92	3.6
93	3.2
94	3.8
95	3.1
96	2.8
97	3.4
98	3.4
99	3.0
100	3.3
101	3.8

手順 2. 作成の準備

セル E2 から E10 にヒストグラムの作成に必要な数値を入力・計算します.

	A	B	C	D	E
1	クッキーの重さ				
2	3.5			測定単位	0.1
3	4.4			データ数 n	100
4	3.1			最大値	4.4
5	3.3			最小値	2.8
6	3.8			範囲 R	1.6
7	3.6			nの平方根	10
8	3.6			区間の数	10
9	3.3			仮の区間の幅	0.16
10	3.2			区間の幅	0.2
11	3.3				

1) 測定単位の入力

測定単位を入力します．ここでは，データの値が小数点第1位まで測定されているので，0.1 と入力します．

◆セルに入力する数式・関数

［E2］ 0.1 ※測定単位を入力する．

2) データ数の集計

◆セルに入力する数式・関数

［E3］ ＝ COUNT（A2：A101） ※データ数 n を求める．

3) 範囲の計算

◆セルに入力する数式・関数

［E4］ ＝ MAX（A2：A101） ※最大値を求める．
［E5］ ＝ MIN（A2：A101） ※最小値を求める．
［E6］ ＝ E4 － E5 ※範囲を求める．

4) 区間数(柱の数)の決定

◆セルに入力する数式・関数

［E7］ ＝ SQRT（E3） ※データ数 n の平方根を求める．
［E8］ 10 ※セル E7 に近い整数を入力する．

5) 区間幅(柱の幅)の計算

◆セルに入力する数式・関数

［E9］ ＝ E6/E8 ※仮の区間の幅を求める．
［E10］ 0.2 ※E9 の数値を測定単位の整数倍に丸めた値を入力する．

※この例題では，0.16 を 0.2 に丸めています．

手順3. 度数分布表の作成

1) 境界値と中心値の計算

下側境界値，上側境界値，中心値をそれぞれ求めます．

	A	B	C	D	E	F	G	H
1	クッキーの重さ					区間		
2	3.5			測定単位	0.1	下側境界値	上側境界値	中心値
3	4.4			データ数 n	100	2.75	2.95	2.85
4	3.1			最大値	4.4	2.95	3.15	3.05
5	3.3			最小値	2.8	3.15	3.35	3.25
6	3.8			範囲 R	1.6	3.35	3.55	3.45
7	3.6			nの平方根	10	3.55	3.75	3.65
8	3.6			区間の数	10	3.75	3.95	3.85
9	3.3			仮の区間の幅	0.16	3.95	4.15	4.05
10	3.2			区間の幅	0.2	4.15	4.35	4.25
11	3.3					4.35	4.55	4.45

◆セルに入力する数式・関数

[F3]　= E5 − E2/2

[F4]　= F3 + $E$10　　※ F4 を F5 から F11 まで複写する．

[G3]　= F3 + $E$10　　※ G3 を G4 から G11 まで複写する．

[H3]　=(F3 + G3)/2　　※ H3 を H4 から H11 まで複写する．

2) 度数の計算

各区間の度数を求めます．

	A	B	C	D	E	F	G	H	I
								I3　=FREQUENCY($A$2:$A$101,G3)	
1	クッキーの重さ					区間			
2	3.5			測定単位	0.1	下側境界値	上側境界値	中心値	度数
3	4.4			データ数 n	100	2.75	2.95	2.85	2
4	3.1			最大値	4.4	2.95	3.15	3.05	11
5	3.3			最小値	2.8	3.15	3.35	3.25	18
6	3.8			範囲 R	1.6	3.35	3.55	3.45	29
7	3.6			nの平方根	10	3.55	3.75	3.65	20
8	3.6			区間の数	10	3.75	3.95	3.85	14
9	3.3			仮の区間の幅	0.16	3.95	4.15	4.05	3
10	3.2			区間の幅	0.2	4.15	4.35	4.25	2
11	3.3					4.35	4.55	4.45	1

◆セルに入力する数式・関数

[I3]　= FREQUENCY($A$2：$A$101, G3)

[I4]　= FREQUENCY($A$2：$A$101, G4)

＝FREQUENCY($A$2：$A$101, G3)　　※ I4 を I5 から I11 まで複写する．

手順 4.　グラフの作成

棒グラフを作成します．

1)　範囲の選択

　中心値と度数が入力されているセル H2 から I11 をドラッグします．このとき，中心値という項目名(セル H2)を空白にしておきます．

	A	B	C	D	E	F	G	H	I
1	クッキーの重さ					区間			
2	3.5			測定単位	0.1	下側境界値	上側境界値		度数
3	4.4			データ数 n	100	2.75	2.95	2.85	2
4	3.1			最大値	4.4	2.95	3.15	3.05	11
5	3.3			最小値	2.8	3.15	3.35	3.25	18
6	3.8			範囲 R	1.6	3.35	3.55	3.45	29
7	3.6			nの平方根	10	3.55	3.75	3.65	20
8	3.6			区間の数	10	3.75	3.95	3.85	14
9	3.3			仮の区間の幅	0.16	3.95	4.15	4.05	3
10	3.2			区間の幅	0.2	4.15	4.35	4.25	2
11	3.3					4.35	4.55	4.45	1

2)　グラフの挿入

　メニューから［**挿入**］→［**縦棒/横棒グラフの挿入**］と選択します．このとき，グラフの種類は［**2-D 縦棒**］の を選択します．

次のような棒グラフが作成されます．

4.2 棒グラフによるヒストグラムの作り方　61

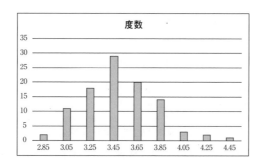

手順 5. グラフの修正

グラフを修正し，ヒストグラムを完成させます．

1) グラフタイトル，目盛線の非表示

タイトルをクリックし，Delete キーを押すと，タイトルの表示が消えます．

縦軸の任意の目盛線をクリックし，Delete キーを押すと，目盛線の表示が消えます．

2) 棒の間隔の修正

グラフの任意の棒をダブルクリックすると，[**データ系列の書式設定**] 画面が表示されます．

[**系列のオプション**] を選択し，[**要素の間隔**] →「 **0%** 」と設定します．

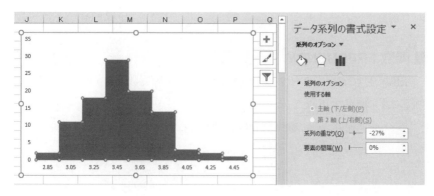

3) 目盛の向きの修正

軸の目盛の向きを内向きに変更します．

縦軸の目盛をクリックすると［**軸の書式設定**］画面が表示されます．

［**軸のオプション**］を選択し，

　　［**目盛の種類**］→［**内向き**］

と設定すると，縦軸の目盛線が内向きになります．

軸にラベルを付け，同様の手順で横軸の目盛も内向きに変更します．

体裁を整えると，最終的に次のようなヒストグラムが完成します．なお，グラフの縦幅と横幅が同じになるように調整すると見やすくなります．

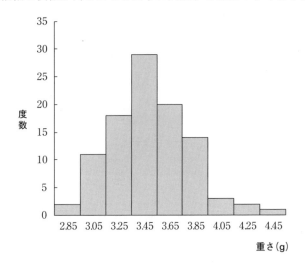

■ 関数 FREQUENCY

FREQUENCY は，データの中のある値 X 以下の度数を返す関数です．

【書式】　FREQUENCY(データ配列，X)

　　データ配列　→　頻度調査の対象となるデータ範囲を指定する．

> **Point**   **FREQUENCY の応用**
>
> 　配列式の複写という方法を使って，度数を一度に算出する方法を説明します．
>
> ① 　まず，セル I3 に ＝FREQUENCY(A2：A101, G3：G11) と入力します．
> ② 　次に，セル I3 から I11 をドラッグし，I3 の数式ボックスに表示される ＝FREQUENCY(A2：A101, G3：G11) の ＝ の前の空白をクリックします．
> ③ 　Ctrl キーと Shift キーを同時に押したまま，Enter キーを押すと，各区間のすべての度数が一度に表示されます．
>
> | | A | B | C | D | E | F | G | H | I |
> |---|---|---|---|---|---|---|---|---|---|
> | 1 | クッキーの重さ | | | | | 区間 | | | |
> | 2 | 3.5 | | | 測定単位 | 0.1 | 下側境界値 | 上側境界値 | | 度数 |
> | 3 | 4.4 | | | データ数 n | 100 | 2.75 | 2.95 | 2.85 | 2 |
> | 4 | 3.1 | | | 最大値 | 4.4 | 2.95 | 3.15 | 3.05 | 11 |
> | 5 | 3.3 | | | 最小値 | 2.8 | 3.15 | 3.35 | 3.25 | 18 |
> | 6 | 3.8 | | | 範囲 R | 1.6 | 3.35 | 3.55 | 3.45 | 29 |
> | 7 | 3.6 | | | nの平方根 | 10 | 3.55 | 3.75 | 3.65 | 20 |
> | 8 | 3.6 | | | 区間の数 | 10 | 3.75 | 3.95 | 3.85 | 14 |
> | 9 | 3.3 | | | 仮の区間の幅 | 0.16 | 3.95 | 4.15 | 4.05 | 3 |
> | 10 | 3.2 | | | 区間の幅 | 0.2 | 4.15 | 4.35 | 4.25 | 2 |
> | 11 | 3.3 | | | | | 4.35 | 4.55 | 4.45 | 1 |
>
> I3 の数式ボックス：{=FREQUENCY(A2:A101,G3:G11)}
>
> ※配列式の複写をすると，{=FREQUENCY(A2：A101, G3：G11)} のように { } が付き，I3 から I11 までの数式が同じになります．

4.3 統計グラフによるヒストグラムの作り方

Excel 2016 から，度数分布表を作成しなくても区間や幅を自動計算によりヒストグラム作成してくれる統計グラフの機能が追加されています．例題 4-1 のデータを，統計グラフを使ってヒストグラムにまとめてみましょう．

手順1．データの入力

セル A2 からセル A101 にデータを入力します．

	A
1	クッキーの重さ
2	3.5
3	4.4
4	3.1
5	3.3
6	3.8
7	3.6
8	3.6
9	3.3
10	3.2
11	3.3
12	3.7
13	3.9
14	3.9
15	4.2
16	3.7
17	3.7
18	3.4
19	3.9
20	3.1
21	3.9
22	3.5
23	4.2
24	3.4
25	3.8
26	3.9

	A
27	3.4
28	3.0
29	3.2
30	3.0
31	3.5
32	3.7
33	3.9
34	4.1
35	3.5
36	3.6
37	3.6
38	3.6
39	3.2
40	3.7
41	3.9
42	4.0
43	3.5
44	3.3
45	3.6
46	4.1
47	3.6
48	3.9
49	3.6
50	3.4
51	3.4

	A
52	3.3
53	3.5
54	3.5
55	3.3
56	3.4
57	3.7
58	3.5
59	3.5
60	3.1
61	3.4
62	3.7
63	3.3
64	3.4
65	3.0
66	3.2
67	3.4
68	3.7
69	3.3
70	3.3
71	3.8
72	3.2
73	3.6
74	3.4
75	3.4
76	3.5

	A
77	3.2
78	3.7
79	3.1
80	3.3
81	3.8
82	3.1
83	3.5
84	3.4
85	3.4
86	2.8
87	3.4
88	3.5
89	3.6
90	3.0
91	3.5
92	3.6
93	3.2
94	3.8
95	3.1
96	2.8
97	3.4
98	3.4
99	3.0
100	3.3
101	3.8

手順2．グラフの作成

データが入力されているセル A1 から A101 をドラッグします．

メニューから［挿入］→［統計グラフの挿入］と選択します．このとき，グラフの種類は［ヒストグラム］の を選択します．

4.3 統計グラフによるヒストグラムの作り方

次のようなヒストグラムが作成されます．

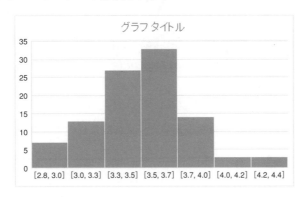

区間の計算は，範囲指定したデータから自動でされており，横軸目盛りを見ると，第1区間の下側境界値は2.8(g)，第1区間の上側境界値は3.0(g)となっています．

ヒストグラムの幅や区間は編集により指定することが可能です．ヒストグラムの幅と区間を指定して，4.2節と同じ区間のヒストグラムを作成してみます．

手順3. ヒストグラムの幅と区間の修正

グラフの任意の横軸目盛をダブルクリックすると，[**軸の書式設定**] 画面が表示されます．

[**軸のオプション**] を選択し，

［ビンの幅］　　　　　　　→「0.2」　※4.2節で計算した区間の幅
　　［ビンのアンダーフロー］→「2.95」　※4.2節で計算した第1区間の上側境界値
　　［ビンのオーバーフロー］→「4.55」　※4.2節で計算した最終区間の上側境界値

と設定すると，ヒストグラムの区間が次のように修正されます．

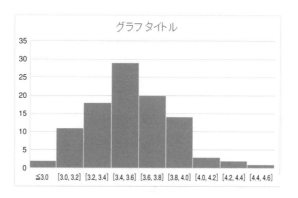

4.2節と同様にタイトルと目盛線を非表示にし，縦軸と横軸にラベルを付け，目盛を内向きに設定して体裁を整えると，最終的に次のようなヒストグラムが完成します．

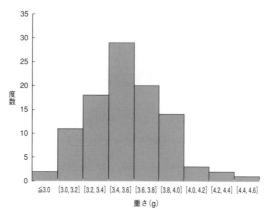

※ 横軸の少数桁数の表示は，編集により変更が可能です．

第5章
散布図

　同一人物の体重と身長というように，対になった2種類のデータがあるとき，これら2つのデータの間にどのような関係があるかを調べるには，散布図と呼ばれる手法でグラフもしくは散布図を作成して，視覚的に検討します．

　この章では，散布図の作り方と見方を解説します．また，関係の強さを数値的に把握するための方法も紹介します．

　散布図は主として，問題解決の手順2，手順4のステップで使うことが多くあります．

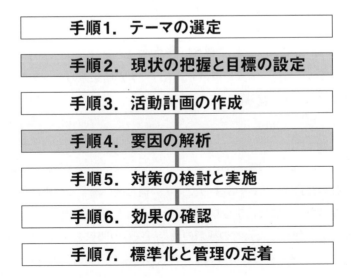

5.1 散布図とは

2つの変数(測定する項目)xとyがあるときに，xの変化に伴って，yも変化するような関係を相関関係といいます．xが増えるとyも増えるような関係を正の相関関係，xが増えるとyは減るような関係を負の相関関係，どちらの傾向も見られないような場合を無相関といいます．

散布図は，相関関係の有無を視覚的に確認するための手法です．2つの変数のうち，一方を横軸，もう一方を縦軸にとって，対応するデータを1点ずつプロットしていきます．完成した散布図は，図5.1のような形になります．

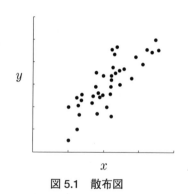

図 5.1　散布図

2つの変数のうち，一方が原因系で，もう一方が結果系のデータを示すときには，横軸に原因系，縦軸に結果系を配置します．

例題 5-1

ある会社の社員食堂で，日替わりランチの満足度に関する改善活動に取り組むことになった．そこで，半分以上の量を残した人の数(残食数)と，当日の日替わりランチに使用した食材の種類の数(品目数)の関係を30日間調べて，表5.1のようなデータを得た．品目数と残食数の関係を散布図で表現しなさい．

表 5.1 データ

No.	1	2	3	4	5	6	7	8	9	10	11	12	13	14	15
品目数	15	18	15	14	16	14	19	16	18	12	15	22	14	15	17
残食数	88	87	89	103	88	92	76	89	94	99	92	68	106	106	99

No.	16	17	18	19	20	21	22	23	24	25	26	27	28	29	30
品目数	21	15	17	21	15	18	19	14	16	13	16	23	20	21	16
残食数	67	106	89	87	94	107	76	98	92	111	99	90	88	76	96

■ 散布図の例

散布図は，2つのデータの関係を視覚的に表現したもので，例題 5-1 のデータを散布図で表すと，図 5.2 のようになります．

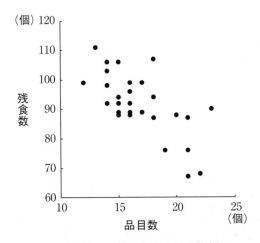

図 5.2　品目数と残食数の散布図

この散布図から，品目数が増えていくと残食数は減っていくという関係があることを読み取ることができます．

■ 散布図の見方

散布図を見るときには，次のポイントを確認します．
① 外れ値（飛び離れた値）はないか．
② 2種類のデータの間にはどのような関係（正の相関，負の相関，無相関）があるか．
③ グループが形成されていないか．

相関関係と散布図は，図 5.3 ～ 5.6 のように対応します．

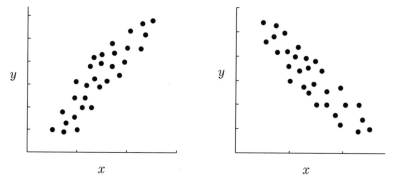

図 5.3 正の相関の散布図（$r=0.90$）　　図 5.4 負の相関の散布図（$r=-0.90$）

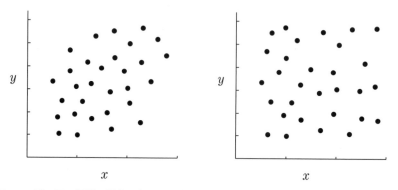

図 5.5 弱い正の相関の散布図（$r=0.40$）　　図 5.6 無相関の散布図（$r=0.00$）

5.2 Excelによる散布図の作り方

例題5-1のデータで散布図を作成しましょう．

手順1．データの入力

横軸にしたいデータを左側の列に，縦軸にしたいデータをその右の列に入力します．この例題では，品目数が原因系(横軸)，残食数が結果系(縦軸)となるので，次のように，セル A2 から B31 にデータを入力します．

	A	B
1	品目数	残食数
2	15	88
3	18	87
4	15	89
5	14	103
6	16	88
7	14	92
8	19	76
9	16	89
10	18	94
11	12	99
12	15	92
13	22	68
14	14	106
15	15	106
16	17	99
17	21	67
18	15	106
19	17	89
20	21	87
21	15	94
22	18	107
23	19	76
24	14	98
25	16	92
26	13	111
27	16	99
28	23	90
29	20	88
30	21	76
31	16	96

手順2．データ範囲の指定

散布図にするデータの範囲(セル A1 から B31)をドラッグします．このとき，変数名(品目数，残食数)も含めます．

	A	B
1	品目数	残食数
2	15	88
3	18	87
4	15	89
5	14	103
6	16	88
7	14	92
8	19	76

手順3. グラフの作成

メニューから［挿入］→［散布図(X, Y)またはバブルチャートの挿入］と選択します．このとき，グラフの種類は  を選択します．

次のような散布図が作成されます．

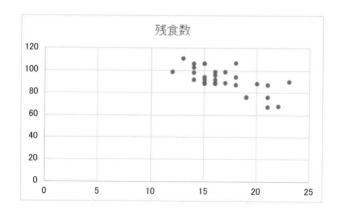

手順4. グラフの修正

散布図を修正し，散布図を完成させます．

1) タイトルの変更

タイトルをクリックし，「**残食数**」から自分が付けたいタイトルに変更します．ここでは，「**食材の品目数と残食数の関係**」とタイトルを変更します．

2) 目盛線の非表示
   ① 縦軸の目盛線をクリックし，Delete キーを押すと，縦軸目盛線の表示が消えます．
   ② 横軸の目盛線をクリックし，Delete キーを押すと，横軸目盛線の表示が消えます．
3) 軸ラベルの表示
   グラフをクリックし，[**グラフ要素**] → [**軸ラベル**] を選択します．（グラフ要素メニューは ボタンをクリックすると表示されます．）

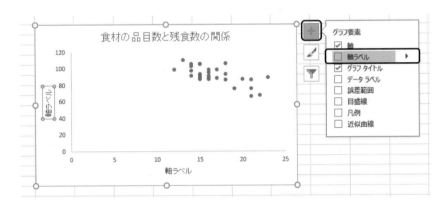

軸ラベルが表示されたら，横軸を「**品目数**」，縦軸を「**残食数**」と変更します．
4) 軸の設定
   相関関係を視覚的に正しく把握するには，散布図上の各点が，正方形の中で散らばるようにする必要があるので縦軸と横軸の範囲を修正します．
   ① 軸の最小値と最大値の計算
   セル E2 と E3 に品目数の最小値と最大値，セル F2 と F3 に残食数の最小値と最大値を求めます．

	A	B	C	D	E	F	G
1	品目数	残食数			品目数	残食数	
2	15	88		最小値	12	67	
3	18	87		最大値	23	111	
4	15	89					

◆セルに入力する数式・関数

［E2］　＝ MIN(A2：A31)

［E3］　＝ MAX(A2：A31)

［F2］　＝ MIN(B2：B31)

［F3］　＝ MAX(B2：B31)

　軸の範囲は，求められたデータの最小値より小さい切りの良い数字に丸めたものと，最大値より大きい切りの良い数字に丸めたものを設定します．データの最小値と最大値を軸の範囲の最小値と最大値に設定してしまうと，点が散布図の枠線上にプロットされてしまうので，見づらくなってしまうからです．

　この例題では，

　　　縦軸(残食数)の最小値を「**60**」，最大値を「**120**」

　　　横軸(品目数)の最小値を「**10**」，最大値を「**25**」

と，設定することにします．

② 軸の書式設定

　グラフの縦軸をダブルクリックすると，[**軸の書式設定**] 画面が表示されます．

　軸のオプションの境界値を，

　　　[**最小値**] → [**固定**] → 「**60**」

　　　[**最大値**] → [**固定**] → 「**120**」

と設定し，

［目盛の種類］→［内向き］

と設定します．

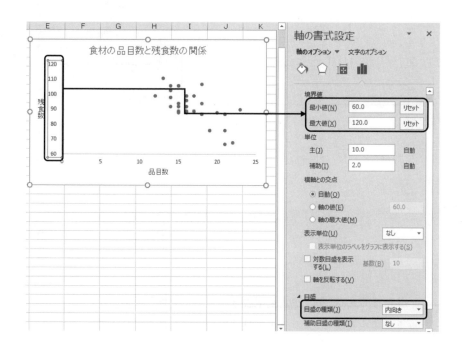

次に，グラフの横軸をクリックし，軸のオプションの境界値を，

　　［最小値］→［固定］→「10」

　　［最大値］→［固定］→「25」

と設定し，

　　［目盛の種類］→［内向き］

と設定します．

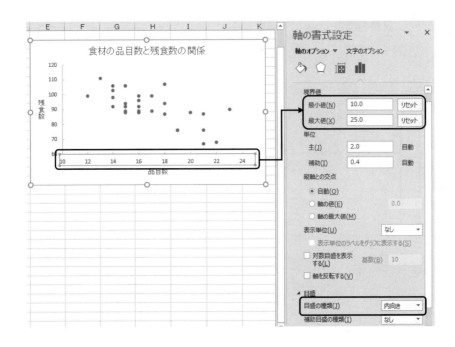

　体裁を整え（縦軸ラベルを縦書きに変更，縦軸と横軸に単位を追加，ドットの色を変更），グラフを縦軸と横軸が同じ長さになるように調整すると，最終的に，次のような散布図が完成します．

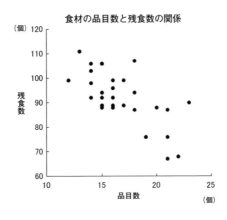

Point 散布図の形

　散布図は，できるだけ正方形の中で，点が散らばるように作成しましょう．それは，相関関係を適切に読み取るためです．

　散布図の形の違いが，相関関係を視覚的に把握するときに与える影響を見ていきましょう．

　図 5.7 のような散布図があるとします．

　この散布図を縦長と横長に変形させると，図 5.8，図 5.9 のようになります．

　図 5.8 の縦長の散布図は，相関関係が必要以上に強く見えて，図 5.9 の横長にした散布図は，相関関係が弱く見えます．

　このように，同じデータでも，散布図の形で相関関係の印象が大きく異なってしまいます．

　以上のことから，正方形の中で，点が散らばるように作成することで，相関関係を適切に表現できることがわかります．

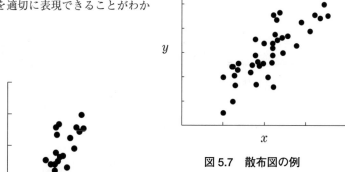

図 5.7　散布図の例

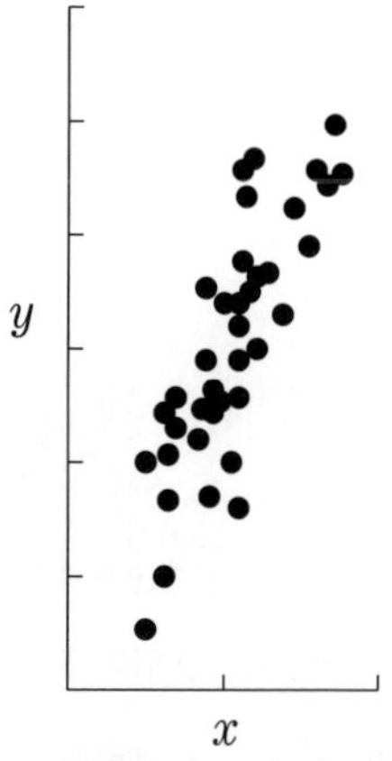

図 5.8　縦長にした散布図の例 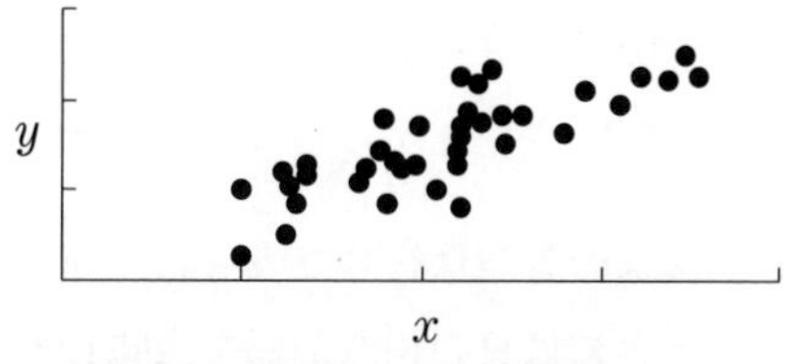　　図 5.9　横長にした散布図の例

5.3 相関係数とは

相関係数は，2つの変数(測定項目)の相関の強さを-1から1の間の値で数値的に表現したもので，相関係数をrとすると，次のようになります．

$$-1 \leqq r \leqq 1$$

■ 相関係数の見方

例題5-1のデータの相関係数は-0.692となっています(図5.10)．

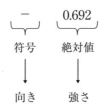

図5.10 相関係数の見方

相関の強さは絶対値で表され，この数値が1に近いほど相関が強く，0に近いほど相関がない(無相関)ことを意味します(相関係数がちょうど0になることは，まれです)．相関の強さのおおよその目安は，次のようになります．

$$|r| \geqq 0.7 \rightarrow 強い相関あり$$
$$0.7 > |r| \geqq 0.5 \rightarrow 相関あり$$
$$0.5 > |r| \geqq 0.3 \rightarrow 弱い相関あり$$
$$0.3 > |r| \qquad \rightarrow 相関なし$$

※$|r|$は相関係数の絶対値

相関関係の方向は符号で表され，符号が(+)のときは正の相関関係，符号が(-)のときには負の相関関係を意味します．したがって，この例題の相関係数は-0.692ですから，負の相関があり，「食材の品目数が増えると残食数が減り，食材の品目数が減ると残食数が増える」という関係が読み取れます．

■ 相関係数と散布図の対応

相関係数と散布図は，図 5.11 〜 5.14 のように対応します．

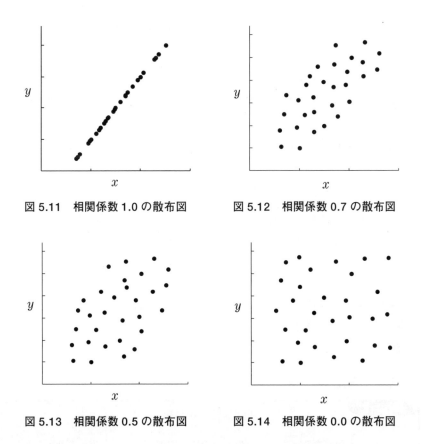

図 5.11　相関係数 1.0 の散布図　　図 5.12　相関係数 0.7 の散布図

図 5.13　相関係数 0.5 の散布図　　図 5.14　相関係数 0.0 の散布図

相関係数と散布図は，どちらも相関関係を把握するための手法ですが，相関の強さを数値的に把握したり比べたりするには相関係数，データの分布状態や外れ値を視覚的に把握するには散布図が適しています．

5.4　Excelによる相関係数の算出方法

例題5-1のデータから，品目数と残食数の相関係数を求めなさい．

手順1．データの入力

「5.2　Excelによる散布図の作り方」で作成したデータを利用します．

手順2．相関係数の算出

次のように，セル E5 に相関係数を求める関数を入力します．

	A	B	C	D	E	F	G
1	品目数	残食数			品目数	残食数	
2	15	88		最小値	12	67	
3	18	87		最大値	23	111	
4	15	89					
5	14	103		相関係数	−0.69218		
6	16	88					

◆セルに入力する数式・関数

[E5]　= CORREL(A2：A31，B2：B31)

品目数と残食数の相関係数は−0.692と算出されます．

> **Point　相関係数と寄与率**
>
> 2つの変数があるとき，一方の変数の値の増減が，もう一方の変数の変動に与える影響度を示す指標として，寄与率があります．寄与率は相関係数を2乗した値になるので，計算式で表すと次のようになります．
>
> 　　寄与率 = r^2
>
> 品目数と残食数の相関係数は−0.69218です．したがって，寄与率は，
>
> 　　$(-0.69218)^2 = 0.4791$
>
> となり，残食数 y が変動する原因の47.91%は，品目数 x の変動であるということがわかります．

Point   散布図と回帰直線

　散布図は，相関関係があるかないかを見るためのグラフです．相関関係があることがわかったときには，さらに進んで，2つの変数の間にどのような関係があるかを見るための解析を行うこともできます．そのための方法が回帰分析です．

　回帰分析は，回帰直線と呼ばれる直線を個々の点に当てはめ，2つの変数の関係を式で表現する解析方法です．例題5-1のデータに回帰直線を当てはめると，x(品目数)とy(残食数)の関係は次のような式で表されます．

$$y = -2.7132x + 137.4$$

　上の式のxに品目数の値を代入すると，残食数を予測することができます．例えば，品目数が20のときの残食数は，

$$-2.7132 \times 20 + 137.4 = 83.136$$

となり，83食出ることが予測されます．

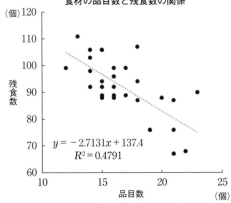

　上の図のように，作成した散布図に回帰直線と寄与率を表示するには，グラフ上の点を右クリックすると，［**近似曲線の書式設定**］画面が表示されます．

　［**近似曲線のオプション**］ を選択し，［**線形近似**］と設定し，さらに，［**グラフに数式を表示する**］と［**グラフにR-2乗値を表示する**］にチェックを入れます．

第6章
グラフ

　グラフはデータを分析するための最も基本的で，かつ，重要な手法です．データを視覚化することで，表では見つけにくい特徴を把握することができます．

　また，グラフには多くの種類があり，前章までに紹介してきたパレート図，ヒストグラム，散布図もグラフの一種です．

　この章では，問題解決でよく使われるグラフや，グラフの使い分け，レイアウトが見栄えに与える影響についても解説します．

　グラフは主として，問題解決の手順2，手順4，手順6のステップで使うことが多くあります．

- 手順1．テーマの選定
- 手順2．現状の把握と目標の設定
- 手順3．活動計画の作成
- 手順4．要因の解析
- 手順5．対策の検討と実施
- 手順6．効果の確認
- 手順7．標準化と管理の定着

6.1 Excelのグラフ

Excel 2016では，図6.1のようなグラフを作成することができます．

① 縦棒グラフ
② 折れ線グラフ
③ 円グラフ
④ 横棒グラフ
⑤ 面グラフ
⑥ 散布図
⑦ 株価チャート
⑧ 等高線グラフ
⑨ レーダーチャート
⑩ ツリーマップ
⑪ サンバースト
⑫ ヒストグラム
⑬ 箱ひげ図
⑭ ウォーターフォールチャート

図 6.1　Excelのグラフメニュー

それぞれのグラフには，さらにいくつかの形式が用意されていて，積み重ねグラフ，帯グラフ，3次元棒グラフ(ステレオグラム)といったグラフまで作成することができます．グラフは，データから何を読み取りたいのかという目的に応じて，適切なものを選択していく必要があります．

以下に，改善活動でよく使われるグラフと，その用途を示します(表6.1)．

表 6.1　改善活動でよく使うグラフの種類と用途

グラフの種類	用途
棒グラフ	数量の大小を比較
折れ線グラフ	数量の変化を比較
円グラフ	割合を把握
散布図	2組の数量同士の関係を把握
バブルチャート	2組の数量同士の関係とサイズを把握
レーダーチャート	複数の特性を同時に比較

■ グラフの例

改善活動でよく使われ，Excel 2016 で作成できるグラフをいくつか例に取り上げて紹介します．

(1) 円グラフ

各項目の全体に対する割合を把握したいときに適したグラフです（図6.2）．このグラフは，朝食によく摂る飲物の割合を示しており，「みそ汁」の割合が最も多いことがわかります．

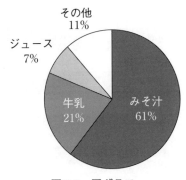

図 6.2 円グラフ

(2) 横棒グラフ

数量の大小を比較したいときに適したグラフです（図6.3）．このグラフは，朝食でよく摂る飲物の人数を示しており，「みそ汁」の人数が 123 人で最も多く，以下，「牛乳」，「ジュース」と続いていることがわかります．

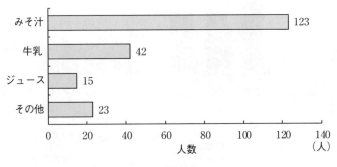

図 6.3 横棒グラフ

（3） 帯グラフ

　割合を比較したいときに適したグラフです（図 6.4）．このグラフは，朝食でよく摂る飲物の割合をグループ別に示しており，どのグループでも「みそ汁」の割合が最も多くなっています．ただし，グループによって割合に違いが見られます．

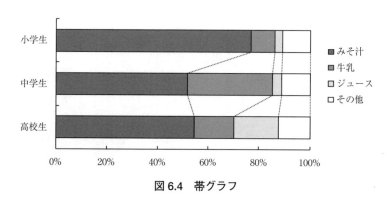

図 6.4　帯グラフ

（4） ステレオグラム

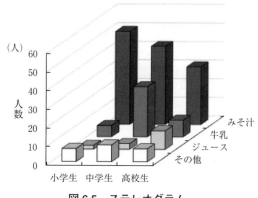

図 6.5　ステレオグラム

　3次元棒グラフ（3D 棒グラフ）とも呼ばれます（図 6.5）．3つの軸で構成され，その中の2つの軸を組み合わせた集計結果を棒にして示します．

　このグラフは，グループと朝食でよく摂る飲物を組み合わせて人数を示しており，「小学生とみそ汁」という組合せが最も多く，「小学生とジュース」と「中学生とジュース」の組合せが最も少ないことがわかります．

（5） バブルチャート

2種類の数量データの関係を該当する度数の大きさに応じて表現したいときに適したグラフです（図6.6）．このグラフは，上司と部下の5段階評価による満足度を示しており，上司評価が3で部下評価が3という組合せが最も多く，また，部下の評価が良いと上司の評価も良いという関係があることがわかります．

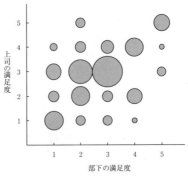

図 6.6　バブルチャート

（6） レーダーチャート

複数の特性を同時に比較したいときに適したグラフです（図6.7）．このグラフでは，AさんとBさんの4教科分（国語，算数，理科，社会）のテストの点数を示しており，Aさんは算数と理科の点数が良く，Bさんは国語と社会の点数が良いことがわかります．

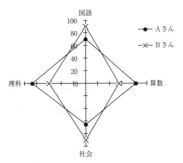

図 6.7　レーダーチャート

（7） ドットプロット

データの個数が少ないときに，データの分布や外れ値の有無を把握するのに適したグラフです（図6.8）．このグラフは，クッキーの重さを横軸，データの個数を縦軸にとっています．下の例では右端に外れ値と思われるデータが存在します．

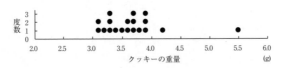

図 6.8　ドットプロット

Point ステレオグラムの回転

　ステレオグラムは，回転させる角度によって見やすさが大きく変わってきます．回転角度の異なるグラフ例を図 6.9，6.10 に示します．

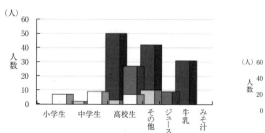 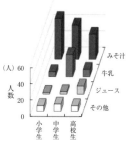

図 6.9　横から見たステレオグラム　　図 6.10　上から見たステレオグラム

　図 6.9 の横から見たステレオグラムは，奥のグラフが見えにくくなっています．一方，図 6.10 の上から見たステレオグラムは，全体のグラフは見えますが，棒の高さが把握しにくくなっています．

　ステレオグラムを見やすく表示させるには，高さと横の角度を変えながら設定するとよいでしょう．

6.2 Excelによるグラフの作り方

前節で例に挙げたグラフの中のいくつかを Excel で作成しましょう．

■ バブルチャート

部下と上司が相互に 5 段階で評価した満足度調査の結果があるとします．このデータを集計して，バブルチャートで表しましょう．

手順 1. データの入力

次のようにデータを入力します（部下と上司の組数は 144 です）．

	A	B
1	部下	上司
2	5	5
3	3	3
4	1	1
5	2	3
6	4	2
7	1	4
8	3	3
9	2	2
10	1	2
11	5	5
12	2	2
13	4	4
14	3	3
15	4	2
16	2	3
17	5	5
18	1	2
19	4	4
20	1	1
21	4	2
22	2	2
23	3	3
24	3	3
25	2	3
26	1	3
27	5	5
28	4	4
29	1	1
30	3	3
31	1	2
32	3	3
33	5	3
34	3	3
35	4	4
36	4	2
37	2	3
38	3	3
39	3	3
40	2	3
41	3	4
42	3	3
43	3	2
44	3	3
45	1	1
46	2	1
47	4	4
48	4	4
49	2	2
50	1	3
51	3	3
52	2	2
53	3	3
54	5	5
55	2	1
56	5	4
57	1	1
58	2	3
59	2	1
60	3	1
61	2	2
62	3	3
63	2	3
64	1	1
65	3	1
66	3	3
67	5	3
68	3	2
69	1	1
70	1	1
71	3	3
72	4	4
73	2	3
74	2	3
75	3	3
76	4	2
77	3	3
78	5	5
79	2	2
80	4	4
81	3	4
82	2	3
83	3	3
84	2	3
85	3	4
86	1	1
87	2	4
88	5	3
89	4	4
90	1	3
91	2	2
92	1	1
93	1	3
94	2	3
95	1	3
96	2	2
97	3	4
98	3	3
99	3	3
100	1	3
101	3	2
102	3	3
103	3	3
104	1	3
105	3	3
106	2	5
107	2	3
108	1	3
109	3	3
110	3	3
111	2	4
112	2	3
113	3	4
114	3	3
115	1	1
116	4	1
117	3	3
118	4	2
119	4	4
120	2	3
121	2	3
122	3	3
123	2	2
124	2	2
125	2	3
126	3	2
127	1	1
128	2	2
129	4	4
130	1	4
131	5	5
132	4	2
133	3	4
134	4	2
135	1	2
136	2	3
137	3	1
138	5	5
139	2	5
140	2	5
141	5	5
142	2	4
143	3	3
144	3	3
145	2	4

手順2. データの集計

Excelのバブルチャートは，データの1列目を横軸(X軸)，2列目を縦軸(Y軸)，3列目を度数(バブルの大きさ)にとりますので，このデータ表のままでは，バブルチャートを作成することができません．

そこで，次のような形式にデータを集計する必要があります．

	D	E	F
1	部下	上司	度数
2	1	1	12
3	1	2	4
4	1	3	8
5	1	4	2
6	1	5	0
7	2	1	3
8	2	2	12
9	2	3	19
10	2	4	4
11	2	5	3
12	3	1	3
13	3	2	4
14	3	3	31
15	3	4	6
16	3	5	0
17	4	1	1
18	4	2	8
19	4	3	0
20	4	4	11
21	4	5	0
22	5	1	0
23	5	2	0
24	5	3	3
25	5	4	1
26	5	5	9

上のようにデータを整理するための手順は以下のとおりです．

① 部下と上司の評価の組合せは，25通りあります．

  (1, 1) ← 部下が1，上司が1

  (1, 2) ← 部下が1，上司が2

   ⋮

  (5, 5) ← 部下が5，上司が5

その数値をセルD2からE26に入力します．

② セルF2からF26に度数を求める関数を入力します．

	F2			× ✓ f_x	=COUNTIFS(A:A,D2,B:B,E2)		
	A	B	C	D	E	F	G
1	部下	上司		部下	上司	度数	
2	5	5		1	1	12	
3	3	3		1	2	4	
4	1	1		1	3	8	
5	2	3		1	4	2	
6	4	2		1	5	0	

◆セルに入力する数式・関数

［F2］ = COUNTIFS(A:A, D2, B:B, E2)　※F2をF3からF26まで複写する．

これで左下のようなデータ表の形式に整理できます．

手順3.　グラフの作成

セルD1からF26をドラッグし，メニューから，［**挿入**］→［**散布図(X, Y)またはバブルチャートの挿入**］と選択します．グラフの種類は［**バブル**］のを選択します．

手順4.　レイアウトの変更

1)　タイトルの変更，目盛線の非表示

タイトルを「**上司**」から「**上司と部下の満足度**」に変更します．
目盛線を非表示にします．

2)　軸ラベルの表示

縦軸と横軸に軸ラベルを表示させます．それぞれのラベルを縦軸は「**上司の満足度**」，横軸は「**部下の満足度**」に変更します．

3)　バブルサイズの調整

バブルのサイズが大きすぎる(または小さすぎる)ときは，サイズを変更します．グラフ内の任意のバブルをダブルクリックすると，［**データ系列の書式設定**］画面が表示されます．

系列のオプションから，サイズの表示の [**バブルの面積**] を選択し，[**バブルサイズの調整**] に適当な数値を設定します．ここでは，ひとまず「**70**」と設定してみます．

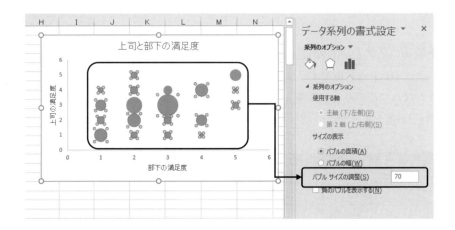

体裁を整え(フォント変更，縦軸ラベルを縦書きに変更，バブルの色を変更，目盛を内向きに変更)，グラフが正方形になるように大きさを調整すると，次のようなバブルチャートが完成します．

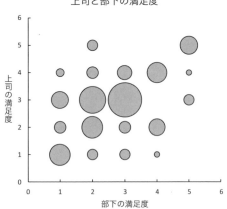

■ レーダーチャート

手順1. データの入力

次のようにデータを入力します．

	A	B	C	D	E
1		国語	算数	社会	理科
2	Aさん	70	82	65	87
3	Bさん	90	55	90	60

手順2. グラフの作成

セルA1からE3をドラッグし，メニューから，[**挿入**]→[**ウォーターフォール図，じょうごグラフ，株価チャート，等高線グラフ，レーダーチャートの挿入**]と選択します．グラフの種類は[**レーダー**]の ☆ を選択します．

※Excelのレーダーチャートは，二元表のデータのうち，行数と列数のうち，数の多いほうを数値軸(横軸ラベル)，項目数の少ないほうを線の種類(データ系列)にとるという規則があるので，必要に応じて[行/列の切り替え]を行います．

手順3. レイアウトの変更

「テストの成績」というタイトルを付け，目盛線を非表示にします．

体裁を整えると(軸の表示，目盛りを交差に変更，マーカーの種類と色を変更)，次のようなレーダーチャートが完成します．

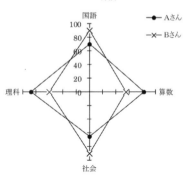

Point レーダーチャートの系列数

レーダーチャートは，複数の特性を比較するのに適していますが，比較対象の数が多くなると，特徴を把握しにくくなることがあります．このようなときには，個別にグラフを作成して比較するほうがわかりやすい場合があります．

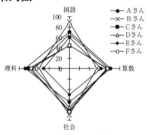

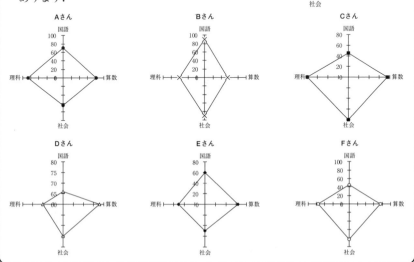

■ ドットプロット
手順1. データの入力

次のように，データを入力します．このとき，数値の小さい順に並べ替えます．

	A
1	クッキーの重さ
2	3.1
3	3.1
4	3.2
5	3.3

6	3.3
7	3.3
8	3.4
9	3.5
10	3.6

11	3.6
12	3.7
13	3.7
14	3.7
15	3.8

16	3.9
17	3.9
18	3.9
19	4.2
20	5.5

手順2. 度数の計算

データの個数を算出します．

セル B2 から B20 に数値と関数を入力します．

	A	B
1	クッキーの重さ	度数
2	3.1	1
3	3.1	2
4	3.2	1
5	3.3	1

B3 = IF(A3=A2,B2+1,1)

◆セルに入力する数式・関数

[B2]　1

[B3]　= IF(A3 = A2, B2 + 1, 1)　※B3 を B4 から B20 まで複写する．

手順3. グラフの作成

セル A1 から B20 をドラッグし，メニューから，[**挿入**] → [**散布図(X, Y) またはバブルチャートの挿入**] と選択します．このとき，グラフの種類は を選択します．

手順 4. レイアウトの変更

1) タイトルの変更，目盛線の非表示

   タイトルを「**クッキーの重さ**」に変更します．

   目盛線を非表示にします．

2) 軸の設定

   まず，縦軸をダブルクリックすると，[**軸の書式設定**]画面が表示されます．軸のオプションから，境界値の

   ［**最小値**］→「0」

   ［**最大値**］→「3.5」

と設定し，単位の

   ［**主**］→「1」

目盛から，

   ［**目盛の種類**］→［**内向き**］

と設定します．

   次に横軸をクリックし，軸のオプションから，境界値の

   ［**最小値**］→「2」

   ［**最大値**］→「6」

と設定し，目盛から，

   ［**目盛の種類**］→［**内向き**］

と設定します．

6.2 Excelによるグラフの作り方

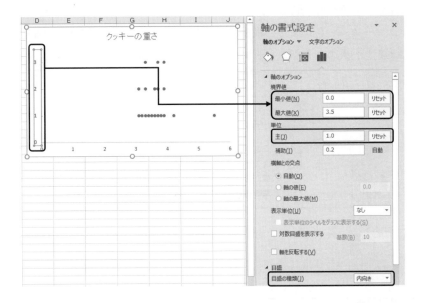

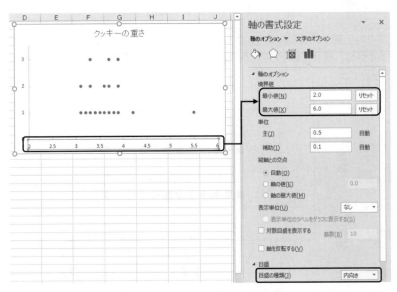

縦軸に「**度数**」，横軸に「**重量**」とラベルを付け，体裁を整え（フォント変更，マーカーの色の変更，横軸に単位を表示），グラフの形を横長の長方形にすると，次のようなドットプロットが完成します．

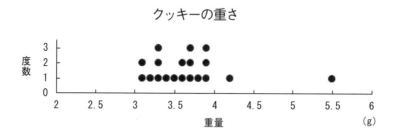

> **Point** ドットプロットの形
>
> 先の手順で説明したように，縦軸をある程度縮めないと，ドットの上下間が空いて，見にくいドットプロットになってしまいます．
>
> 図 6.11 未調整のドットプロット

6.3 グラフの見やすさ

■ レイアウトの影響

グラフは，レイアウトによって見やすさが大きく変わります．以下に，円グラフと横棒グラフを例として，レイアウトの変更が与える影響を示します．

(1) 円グラフ

1) 扇の順番が与える影響

扇の形が大きい順に，上から右回りになるようにしたほうが，順位の隣同士の比較がしやすくなります．

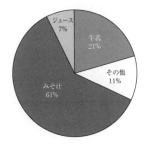 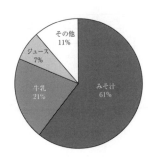

2) 扇の切り離しが与える影響

扇は，すべてを切り離してしまうと，強調したい項目が目立たなくなります．

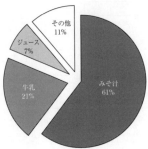 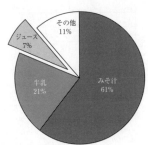

（2） 横棒グラフ

1） 項目の人数順を考慮しない横棒グラフ

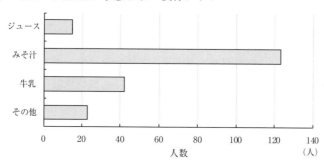

2） 項目の人数順に並び替えた横棒グラフ

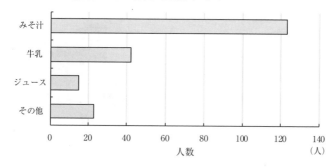

3） 横軸の目盛線を消して，人数を表示した横棒グラフ

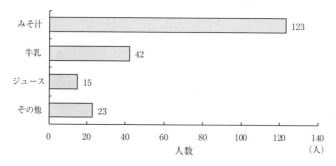

■ グラフの選択の影響

　同じデータでも，グラフの種類によって見やすさが大きく変わります．グラフのレイアウトと同様に，グラフの選択にも注意しましょう．以下に例を示します．

(1) ヒストグラムとドットプロット

1) ヒストグラム

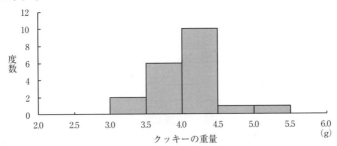

2) ドットプロット

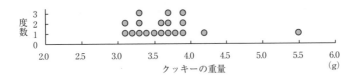

　ドットプロットには，5.5 というデータが 1 つあり，このデータが他のデータの集まりと離れたところに位置していることがわかります．

　一方，データの数が少ないときにヒストグラムを作成すると，この例のように柱の数を 5 本程度に少なくする必要があります．このため，柱の幅は広くなり，5.5 という値は 5.0 から 5.5 の区間に属することになり，離れた値であることを見つけにくくなります．

　計量値のデータであっても，データの数によっては，ヒストグラムよりもドットプロットのほうが，外れ値の発見には適していることがあります．

(2) 円グラフ・帯グラフ・ステレオグラム

1) 円グラフ

2) 帯グラフ

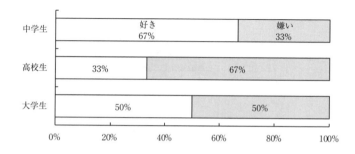

3) ステレオグラム

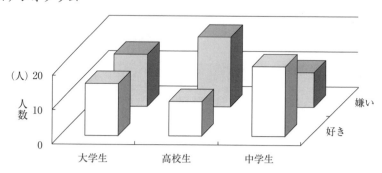

　割合を比較するときには，円グラフを並べるよりも帯グラフのほうが適しています．ステレオグラムは，帯グラフと同じ用途に使えますが，比較する項目数が多くなると，見にくくなります．

(3) 散布図とバブルチャート

5段階で評価した英語と数学の成績があるとします．この2科目の関係を散布図とバブルチャートで表現して比べてみましょう．

1) 散布図

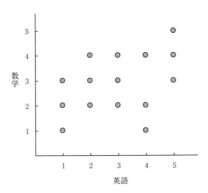

2) バブルチャート

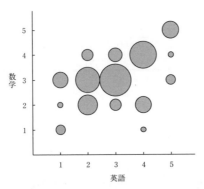

5段階評価では，英語と数学で25通りの組合せしかないので，散布図では，相関が見えにくくなります．また，1人でも複数人でも同じ大きさの点になるので，どの組合せが多いかを読み取ることができません．このようなときには，バブルチャートのほうが適しています．

第7章
管理図

　品質の良い商品やサービスを常に一定以上の水準で提供するには，提供する工程（プロセス）が安定していることが必要です．工程を安定状態に保つことを目的とした活動を工程管理と呼んでいます．工程管理の重要な役割を果たす手法として管理図があり，管理図を活用することで，工程が正常か異常かを判断することができます．

　この章では，管理図の概念と種類，よく使われる管理図の作り方を紹介します．

　管理図は主として，問題解決の手順2，手順6，手順7のステップで使われることが多くあります．

手順1．テーマの選定
手順2．現状の把握と目標の設定
手順3．活動計画の作成
手順4．要因の解析
手順5．対策の検討と実施
手順6．効果の確認
手順7．標準化と管理の定着

7.1　管理図とは

　管理図は，製造工程が安定した状態にあるかどうかを判断するための時系列グラフ（時間順にプロットされたグラフ）です．

　管理図を使うと，データの変動が偶然によるものか，異常なものかを見分けることができます．偶然によるものとは，その発生原因を突き止めて取り除くことができないもので，避けられない原因のことです．これを「偶然原因」といいます．また異常なものとは，突き止められる原因のことで，見逃せない原因のことです．これを「異常原因」といいます．

　管理図は，2本の管理限界線（上方管理限界と下方管理限界）と1本の中心線を記入して作成された折れ線グラフです．管理図に，データを時系列で記入していき，2本の管理限界線にはさまれた領域のデータのばらつきは，偶然原因によるものと判定し，管理限界線の外に出たデータは，異常原因によるものと判定します．データが管理限界線の外に出たときは，その原因を追究し，処置をとらなくてはいけません．逆に，管理限界線を越えるデータが1つもなく，変動にクセもなければ，その製造工程は安定していると判断されます．

　管理図における中心線のことを CL，上方管理限界を UCL，下方管理限界を LCL と表します（図 7.1）．

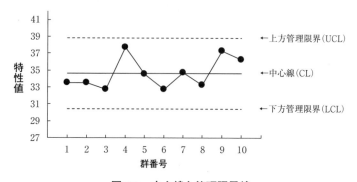

図 7.1　中心線と管理限界線

■ 3シグマ法

プロットしたデータの平均値を中心として，その上下にデータの標準偏差の3倍の値を記入した管理限界を3シグマ限界といいます．

　　　上方管理限界(UCL) ＝ 平均値 ＋ 3× 標準偏差
　　　中心線(CL)　　　　＝ 平均値
　　　下方管理限界(LCL) ＝ 平均値 － 3× 標準偏差

3シグマ限界を使う管理図の方式を3シグマ法といい，日本ではJIS(日本産業規格)をはじめ，広く3シグマ法が使われています．

■ 管理図の用途

管理図は使い方によって，次の2つに分けられます(図7.2)．

① 解析用管理図
② 管理用管理図

解析用管理図は，工程が安定な状態にあるかどうかを調査するために使われる管理図で，管理用管理図は工程を安定な状態に維持するために使われる管理図です．

まず，データを収集し，解析用管理図を作成します．その後，解析用管理図で異常が見られないときには，解析用管理図の中心線と管理限界線を延長して，新たに収集したデータをプロットしていきます．これが管理用管理図です．

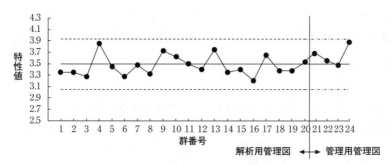

図7.2　解析用管理図と管理用管理図

■ 管理図の種類

管理図はプロットされるデータの性質に応じて，計量値の管理図と計数値の管理図に分けられます．どちらの管理図もさらにいくつかの種類があります．

(1) 計量値の管理図

1) $\overline{X}$ 管理図

工程を品質特性値の平均値 $\overline{X}$ によって管理するときに用いる管理図です．R 管理図と併用するときには $\overline{X}-R$ 管理図と呼ばれ，s 管理図と併用するときには $\overline{X}-s$ 管理図と呼ばれます．

$\overline{X}$ 管理図は，対象となる品質特性値が計量値(重さ，長さ，時間など)のときに，その平均値をプロットして作成する管理図です．

2) メディアン管理図

工程を品質特性値のメディアン(中央値)によって管理するときに用いる管理図です．Me 管理図とも表記されます．

3) X 管理図

工程を個々のデータ(測定値)によって管理するときに用いる管理図です．平均値や中央値を算出するには少なくとも 2 個のデータが必要となりますが，1 個のデータを得るのに時間がかかるような場合には，個々のデータそのものをプロットして X 管理図を作成します．

4) R 管理図

工程のばらつきを範囲 R によって管理するときに用いる管理図で，通常，$\overline{X}$ 管理図やメディアン管理図，X 管理図と併用されます．X 管理図のときには R を計算することができないので，移動範囲 Rs (前後するデータ間の差)を計算して，R の代用とします．

5) s 管理図

工程のばらつきを標準偏差 s によって管理するときに用いる管理図です．R 管理図と同じ役割を果たし，$\overline{X}$ 管理図やメディアン管理図と併用されます．

(2) 計数値の管理図

1) p 管理図

工程を不適合品率 p によって管理するときに用いる管理図です．なお，不適合品率に限らず，合格率や1級品率といった割合を示すデータであれば，この管理図を利用することができます．

2) np 管理図

工程を不適合品数 np によって管理するときに用いる管理図ですが，不適合品が存在しているサンプルの大きさ n が等しくなければ適用できません．不適合品率を考えたときに，分母が一定であるならば，分子の数値だけ見ればよいという考え方です．

3) c 管理図

工程を不適合数 c(キズなどの欠陥数)によって管理するときに用いる管理図ですが，不適合数を調べるときの単位体の大きさや量が等しくなければ適用できません．np 管理図が不適合品の数を問題にしたのに対して，c 管理図では製品中に存在する不適合の数を問題にしています．

4) u 管理図

工程を単位当たりの不適合数 u によって管理するときに用いる管理図です．不適合数を調べるときの単位体の大きさや量が等しくないときに，単位当たりの不適合数に変換した数値を使って作成する管理図です．

■ 管理図の見方

作成した管理図を見て，異常かどうかを判断するための目安が次のように提唱されています(図 7.3(1))．

(1) 異常の判定

① 管理限界外の点

点が管理限界外にある．

② 長さ 9 の連

連続する 9 点以上が中心線の一方にある．

③ 一方の側に点が多くある
  ⅰ) 連続する11点中10点以上が一方の側にある．
  ⅱ) 連続する14点中12点以上が一方の側にある．
  ⅲ) 連続する17点中14点以上が一方の側にある．
  ⅳ) 連続する20点中16点以上が一方の側にある．
④ 連続6点の上昇（下降）
  連続して6点以上上昇（または下降）している．
⑤ 管理限界線に近い点
  3点中2点以上がCLから2シグマと3シグマの間にある．
⑥ 周期性のある点
  点が周期的な変動をもっている．

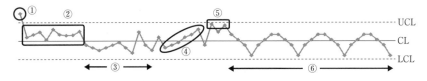

図7.3(1)　異常のある管理図の例

(2)　正常の判定

安定状態とは，点が上記①〜⑥のようなクセのない状態です．ただし，管理限界外の点については，次のような状態のときです（図7.3(2)）．
  ⅰ) 連続して25点以上が管理限界内にある．
  ⅱ) 連続する35点中管理限界外に出るものが1点以下

図7.3(2)　安定状態の管理図の例

■ 群

　複数個のデータがあるときに，そのデータが同じ環境や条件になるように時系列や製品単位で分けたデータの集まりを「群」と呼び，1つの群に含まれるデータの数を「群の大きさ」と呼びます．群の大きさはnで表します．

　管理図では，群ごとに平均値や範囲などの特性値を得て，工程が安定状態にあるかどうかを検討していきます．このとき，群は同じ条件で分けるのが前提ですから，同じ群の中でのデータのばらつきは，追究しても意味のない偶然原因によるものとなっていることが望まれます．

〈群の例〉

- 1時間単位で分ける．
- 午前と午後で分ける．
- 1日単位で分ける．
- 1週間単位で分ける．
- 製品単位で分ける．

など

7.2 Excelによる$\overline{X}$-R管理図の作り方

例題 7-1

例題4-1のデータは，ある製菓工場で作られたクッキーの重さを調べた結果であるが，このクッキーは15分単位で製造されており，その中から無作為に4個ずつ抜き取ったものである．これを製造時間ごとにまとめたのが表7.1のデータ表である．15分ごとに1つの群として$\overline{X}$-R管理図を作成しなさい（群の大きさ$n = 4$）．

表7.1　データ表

製造時間	クッキーの重さ(g)			
9：30	3.2	3.3	3.7	3.4
9：45	3.1	3.3	3.6	3.4
10：00	3.2	2.8	3.3	3.8
10：15	4.4	3.9	4.2	3.9
10：30	3.5	3.4	3.6	3.3
10：45	3.4	3.4	3.2	3.1
11：00	3.4	3.6	3.2	3.7
11：15	3.1	3.3	3.3	3.6
11：30	3.7	3.9	3.4	3.9
11：45	3.3	3.8	3.9	3.5
12：00	3.5	3.2	3.5	3.3
12：15	3.7	3.0	3.5	3.4
12：30	3.4	3.8	3.8	3.5
12：45	3.5	3.3	3.4	3.2
13：00	3.1	3.6	3.3	3.6
13：15	3.7	3.1	4.3	3.0
13：30	3.7	4.1	3.6	3.2
13：45	3.9	4.1	3.9	3.8
14：00	3.4	3.7	3.0	3.9
14：15	3.6	3.5	3.6	3.4
14：30	3.9	3.8	3.0	4.0
14：45	3.8	3.3	3.4	3.7
15：00	3.5	3.5	3.4	3.5
15：15	3.4	3.4	3.0	2.8
15：30	3.1	3.5	3.6	3.7

■ $\overline{X}$-R 管理図の見方

この例題の $\overline{X}$-R 管理図は，図 7.4 のようになります．

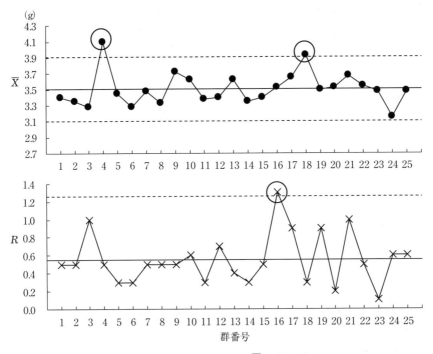

図 7.4　クッキーの重さの $\overline{X}$-R 管理図

$\overline{X}$-R 管理図では，最初にばらつきの大きさを示す R 管理図に異常がないかを検討し，次に，群ごとの平均値を示す $\overline{X}$ 管理図を検討していきます．

R 管理図から，16 番目の群の値が上方管理限界（UCL）を越えており，工程が正常でないことがわかります．

$\overline{X}$ 管理図から，4 番目と 18 番目の群の値が上方管理限界（UCL）を越えており，平均値が異常なクッキーが製造されていることがわかります．

このことから，クッキーの製造工程は安定状態とはいえず，クッキーの製造工程を調査し，異常が出る原因を探る必要があります．

■ $\overline{X}$-R 管理図の作り方

手順1. データの入力

次のようにセル A3 から A27 に群番号，セル B3 から E27 にデータを入力します．なお，群番号は製造時間が早い順に 1，2，3，…と付与します．

	A	B	C	D	E
1		群の大きさ			
2	群番号	x1	x2	x3	x4
3	1	3.2	3.3	3.7	3.4
4	2	3.1	3.3	3.6	3.4
5	3	3.2	2.8	3.3	3.8
6	4	4.4	3.9	4.2	3.9
7	5	3.5	3.4	3.6	3.3
8	6	3.4	3.4	3.2	3.1
9	7	3.4	3.6	3.2	3.7
10	8	3.1	3.3	3.3	3.6
11	9	3.7	3.9	3.4	3.9
12	10	3.3	3.8	3.9	3.5
13	11	3.5	3.2	3.5	3.3
14	12	3.7	3.0	3.5	3.4
15	13	3.4	3.8	3.8	3.5
16	14	3.5	3.3	3.4	3.2
17	15	3.1	3.6	3.3	3.6
18	16	3.7	3.1	4.3	3.0
19	17	3.7	4.1	3.6	3.2
20	18	3.9	4.1	3.9	3.8
21	19	3.4	3.7	3.0	3.9
22	20	3.6	3.5	3.6	3.4
23	21	3.9	3.8	3.0	4.0
24	22	3.8	3.3	3.4	3.7
25	23	3.5	3.5	3.4	3.5
26	24	3.4	3.4	3.0	2.8
27	25	3.1	3.5	3.6	3.7

手順2. 群ごとの平均($\overline{X}$)と範囲(R)の計算

次のようにセル G3 から G27 と，セル K3 から K27 に計算式を入力します．

	A	B	C	D	E	F	G	H	I	J	K	L	M	N
1		群の大きさ					Xbar管理図				R管理図			
2	群番号	x1	x2	x3	x4		Xbar	CL	UCL	LCL	R	CL	UCL	LCL
3	1	3.2	3.3	3.7	3.4		3.40				0.5			
4	2	3.1	3.3	3.6	3.4		3.35				0.5			
5	3	3.2	2.8	3.3	3.8		3.28				1.0			
6	4	4.4	3.9	4.2	3.9		4.10				0.5			
7	5	3.5	3.4	3.6	3.3		3.45				0.3			
8	6	3.4	3.4	3.2	3.1		3.28				0.3			
9	7	3.4	3.6	3.2	3.7		3.48				0.5			
10	8	3.1	3.3	3.3	3.6		3.33				0.5			
11	9	3.7	3.9	3.4	3.9		3.73				0.5			
12	10	3.3	3.8	3.9	3.5		3.63				0.6			
13	11	3.5	3.2	3.5	3.3		3.38				0.3			
14	12	3.7	3.0	3.5	3.4		3.40				0.7			
15	13	3.4	3.8	3.8	3.5		3.63				0.4			
16	14	3.5	3.3	3.4	3.2		3.35				0.3			
17	15	3.1	3.6	3.3	3.6		3.40				0.5			
18	16	3.7	3.1	4.3	3.0		3.53				1.3			
19	17	3.7	4.1	3.6	3.2		3.65				0.9			
20	18	3.9	4.1	3.9	3.8		3.93				0.3			
21	19	3.4	3.7	3.0	3.9		3.50				0.9			
22	20	3.6	3.5	3.6	3.4		3.53				0.2			
23	21	3.9	3.8	3.0	4.0		3.68				1.0			
24	22	3.8	3.3	3.4	3.7		3.55				0.5			
25	23	3.5	3.5	3.4	3.5		3.48				0.1			
26	24	3.4	3.4	3.0	2.8		3.15				0.6			
27	25	3.1	3.5	3.6	3.7		3.48				0.6			

◆セルに入力する数式・関数

［G3］＝ AVERAGE(B3：E3)　　※ G3 を G4 から G27 まで複写する．

［K3］＝ MAX(B3：E3) − MIN(B3：E3)　　※ K3 を K4 から K27 まで複写する．

手順 3. 中心線（CL）の計算

「各群の平均値」の平均値 $\overline{\overline{X}}$ をセル H3 に，「範囲」の平均値 $\overline{R}$ をセル L3 に算出します．セル H3 の値が $\overline{X}$ 管理図の CL，セル L3 の値が R 管理図の CL となります．

	G	H	I	J	K	L	M	N
1		Xbar管理図				R管理図		
2	Xbar	CL	UCL	LCL	R	CL	UCL	LCL
3	3.40	3.504			0.5	0.55		
4	3.35				0.5			
5	3.28				1.0			
6	4.10				0.5			
7	3.45				0.3			
8	3.28				0.3			
9	3.48				0.5			
10	3.33				0.5			

◆セルに入力する数式・関数

［H3］　＝ AVERAGE(G3：G27)

［L3］　＝ AVERAGE(K3：K27)

手順 4. 管理限界の計算

管理限界を算出します．計算方法は以下のとおりです．

1) $\overline{X}$ 管理図の管理限界

$$\text{UCL} = \overline{\overline{X}} + A_2 \overline{R}$$
$$\text{LCL} = \overline{\overline{X}} - A_2 \overline{R}$$

2) R 管理図の管理限界

$$\text{UCL} = D_4 \overline{R}$$
$$\text{LCL} = D_3 \overline{R} \quad (ただし，n \leq 6 の場合は考えない)$$

第7章 管理図

A_2, D_3, D_4 は群の大きさによって変わる数値です．この値は統計数値表などに掲載されています．具体的な値を次のようにセル O3 から R11 に入力しておくと便利です（n は群の大きさ）．

	O	P	Q	R
1		管理図係数表		
2	n	A2	D4	D3
3	2	1.880	3.267	-
4	3	1.023	2.575	-
5	4	0.729	2.282	-
6	5	0.577	2.115	-
7	6	0.483	2.004	-
8	7	0.419	1.924	0.076
9	8	0.373	1.864	0.136
10	9	0.337	1.816	0.184
11	10	0.308	1.777	0.223

管理図係数表を作成したら，次のようにセル I3，セル J3，セル M3，セル N3 に管理限界を求める計算式を入力します．

このデータの群の大きさは $n = 4$ なので，管理図計数表は n の値が 4 の行の値をそれぞれ参照します．

	G	H	I	J	K	L	M	N	O	P	Q	R
1		Xbar管理図				R管理図				管理図係数表		
2	Xbar	CL	UCL	LCL	R	CL	UCL	LCL	n	A2	D4	D3
3	3.40	3.504	3.906	3.102	0.5	0.55	1.26		2	1.880	3.267	-
4	3.35				0.5				3	1.023	2.575	-
5	3.28				1.0				4	0.729	2.282	-
6	4.10				0.5				5	0.577	2.115	-
7	3.45				0.3				6	0.483	2.004	-
8	3.28				0.3				7	0.419	1.924	0.076
9	3.48				0.5				8	0.373	1.864	0.136
10	3.33				0.5				9	0.337	1.816	0.184
11	3.73				0.5				10	0.308	1.777	0.223

◆セルに入力する数式・関数

［I3］　＝ H3 ＋ P5＊L3

［J3］　＝ H3 － P5＊L3

［M3］　＝ Q5＊L3

［N3］　この例題では空欄　　※群の大きさが $n ≦ 6$ なので考えない．0 にするという考え方もある．

以上の計算ができたら，グラフを作成する準備をします．

次のように，セルに計算式を入力します．

7.2 ExcelによるX̄-R管理図の作り方

	G	H	I	J	K	L	M	N
1		Xbar管理図				R管理図		
2	Xbar	CL	UCL	LCL	R	CL	UCL	LCL
3	3.40	3.504	3.906	3.102	0.5	0.55	1.26	
4	3.35	3.504	3.906	3.102	0.5	0.55	1.26	
5	3.28	3.504	3.906	3.102	1.0	0.55	1.26	
6	4.10	3.504	3.906	3.102	0.5	0.55	1.26	
7	3.45	3.504	3.906	3.102	0.3	0.55	1.26	
8	3.28	3.504	3.906	3.102	0.3	0.55	1.26	
9	3.48	3.504	3.906	3.102	0.5	0.55	1.26	
10	3.33	3.504	3.906	3.102	0.5	0.55	1.26	
11	3.73	3.504	3.906	3.102	0.5	0.55	1.26	
12	3.63	3.504	3.906	3.102	0.6	0.55	1.26	
13	3.38	3.504	3.906	3.102	0.3	0.55	1.26	
14	3.40	3.504	3.906	3.102	0.7	0.55	1.26	
15	3.63	3.504	3.906	3.102	0.4	0.55	1.26	
16	3.35	3.504	3.906	3.102	0.3	0.55	1.26	
17	3.40	3.504	3.906	3.102	0.5	0.55	1.26	
18	3.53	3.504	3.906	3.102	1.3	0.55	1.26	
19	3.65	3.504	3.906	3.102	0.9	0.55	1.26	
20	3.93	3.504	3.906	3.102	0.3	0.55	1.26	
21	3.50	3.504	3.906	3.102	0.9	0.55	1.26	
22	3.53	3.504	3.906	3.102	0.2	0.55	1.26	
23	3.68	3.504	3.906	3.102	1.0	0.55	1.26	
24	3.55	3.504	3.906	3.102	0.5	0.55	1.26	
25	3.48	3.504	3.906	3.102	0.1	0.55	1.26	
26	3.15	3.504	3.906	3.102	0.6	0.55	1.26	
27	3.48	3.504	3.906	3.102	0.6	0.55	1.26	

◆セルに入力する数式・関数

[H4] = H3   ※H4をH5からH27まで複写する．

[I4] = I3   ※I4をI5からI27まで複写する．

[J4] = J3   ※J4をJ5からJ27まで複写する．

[L4] = L3   ※L4をL5からL27まで複写する．

[M4] = M3   ※M4をM5からM27まで複写する．

手順5. グラフの作成

1) X̄管理図の作成

　セルA2からA27をドラッグし，Ctrlキーを押しながら，さらに，セルG2からJ27をドラッグします．メニューから［挿入］→［折れ線/面グラフの挿入］と選択します(このとき，セルA2は空白にしておきます)．また，線の種類は［2-D折れ線］の ⨯⨯ を選択します．

118　第7章　管理図

2) R管理図の作成

セル A2 から A27 をドラッグし，Ctrl キーを押しながら，さらに，セル K2 から M27 をドラッグします．メニューから［挿入］→［折れ線/面グラフの挿入］と選択します．このとき，線の種類は［2-D 折れ線］の を選択します．

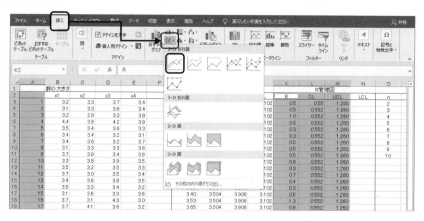

手順6. レイアウトの修正

1) 目盛線と凡例の非表示とタイトルの表示

目盛線と凡例を非表示にします．

タイトルを表示させ，$\bar{X}$管理図には「**Xbar 管理図**」，R管理図には「**R 管理図**」とタイトルを変更します．

2) 中心線と管理限界の修正

中心線(CL)を実線，管理限界(UCL，LCL)を破線に設定します．

線の色は任意に指定します．

※ 解析用管理図では中心線を実線，管理限界を破線にするのがルールです．

線を編集するには，編集したい線をクリックし，メニューから［**書式**］→［**図形の枠線**］と選択します．ここで線の色や線の太さ，種類(実線/点線)を指定します．

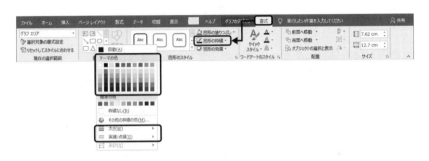

3) $\bar{X}$の折れ線とRの折れ線のグラフの種類変更

$\bar{X}$の折れ線をクリックし，メニューから［**デザイン**］→［**グラフの種類の変更**］と選択します．

［**グラフの種類の変更**］画面が現れるので，［**Xbar**］のグラフの種類を［**マーカー付き折れ線**］に変更して，OK をクリックします．

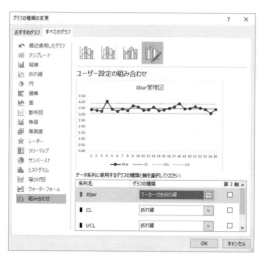

R の折れ線も同様の手順でグラフの種類を変更します.

縦軸に $\overline{X}$ と R,横軸に群番号とラベルを付け,体裁を整えると(縦軸を表示して単位を追加,軸の目盛りを内向きに変更,マーカーの種類を変更),次のような $\overline{X}$ 管理図と R 管理図が完成します.このとき,2つの管理図の横軸が同じ位置で対応するようにグラフを縦に並べます.

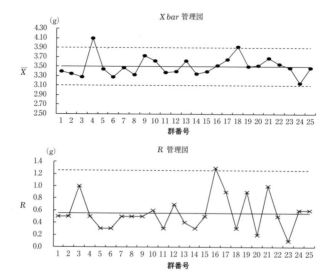

Point

2つの管理図の合併

$\overline{X}$管理図とR管理図を一つのグラフにしたいときには，セル A2 から A27 と，セル G2 から M27 をドラッグし，折れ線グラフを作成します．

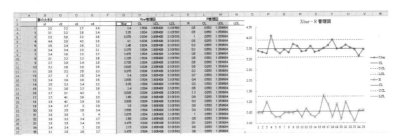

ただし，$\overline{X}$管理図とR管理図の目盛の大きさによっては，グラフが重なってしまったり離れすぎてしまったりすることがあるので注意しましょう．

Point

管理図係数の自動変更方法

次のように計算式をC1，I3，J3，M3に入力しておくと，群の大きさが変化しても自動的に管理図係数が変わり，中心や管理限界が算出されます．

◆セルに入力する数式・関数

[C1]　= COUNTA(B2 : F2)

[I3]　= H3 + VLOOKUP(C1, $O$2 : $R$11, 2, 0) * L3

[J3]　= H3 − VLOOKUP(C1, $O$2 : $R$11, 2, 0) * L3

[M3]　= VLOOKUP(C1, $O$2 : $R$11, 3, 0) * L3

[N3]　= IFERROR(VLOOKUP(C1, $O$2 : $R$11, 4, 0) * L3, "")

※B列からF列が群の大きさを表しています．あらかじめ，この範囲をG列，H列まで広げておくと，x6, x7, …, x10 と群の大きさが変化しても自動的に値が算出されます．

第8章
特性要因図

　ある結果の原因を追究することを要因の解析と呼びます．要因の解析では，最初に考えられる原因候補をリストアップします．このリストを分類・整理するのに役立つのが特性要因図です．
　特性要因図はグラフ手法ではなく，図解手法です．したがって，数値的なデータを必要としません．どのようなデータをとる必要があるのかを整理するのに使う手法です．

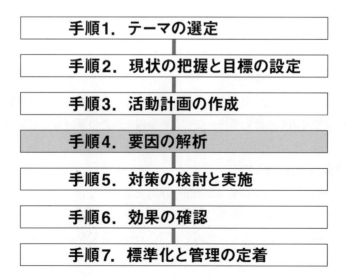

8.1 特性要因図とは

不具合が発生したとき，その原因として候補がいくつも想定できる場合，それらの原因候補が一覧できるように整理すると，原因の究明が効率よく進みます．原因の候補を系統的に整理し，図で示したものを特性要因図といいます．

特性とは結果，要因とは原因を意味します．ただし，特性要因図における要因は，あくまでも原因の候補です．特性要因図は図8.1のような形になります．

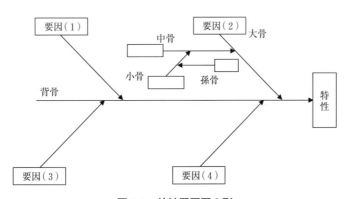

図 8.1　特性要因図の形

右端に特性（問題としている結果）を配置して，左側に要因を配置します．要因は大きな要因，その中の要因，さらにその中の要因というように構成されるように配置します．大きな要因を大骨の要因，その中の要因を中骨の要因，さらにその中の要因を小骨の要因，この骨の要因を孫骨の要因と呼んでいます．

■ **特性要因図の使い方**

特性要因図は，問題としている結果の原因を追究する（要因解析という）段階で使います．原因を追究する際に，どのような原因があるかを洗い出し，検証の必要があると思われる重要な原因を絞り込むのに有効な手法です．

■ 特性要因図の作り方

特性要因図の作り方には2通りの方法があります．

(1) 方法1
① 特性を決めて，右端に配置する．
② 左から横線(背骨)を引く．
③ 大きな要因を4～8ほどあげる．それらの各要因から，背骨に向けて線(大骨)を引く．大きな要因としては，4M(人，機械，方法，材料)を取り上げることが多い．
④ 大骨の要因のさらなる要因を追究し，中骨，小骨へと細かく分類していく．

(2) 方法2
① 特性を決めて，右端に配置する．
② 特性に影響すると思われる要因を複数あげて，カードに書く．これらを小骨の要因とする．
③ 意味が似ているカードをまとめていき，まとまりごとにタイトルをつける．それらを中骨の要因とする．
④ 中骨のタイトルに注目して，意味が似ているカードをまとめていき，まとまりごとにタイトルをつける．それを大骨の要因とする．
⑤ グループ分けされたカードを特性要因図の形に整理する．

どちらの方法を使うにせよ，要因を考え出すときには，複数の関係者が集まり，集団でアイデアを出し合うブレーン・ストーミング法を用いるとよいでしょう．ブレーン・ストーミング法によって，お互いの連鎖や新たな発想の誘発が期待できます．

特性要因図が完成したならば，図に登場した要因の中で，とくに重要と思われる要因に丸印などをつけて，検証すべき要因の優先順位を決めます．これは「要因の絞り込み」と呼びます．

8.2　Excelによる特性要因図の作り方

例題 8-1

あるスマートフォン（以下，スマホ）の製造会社が，スマホの修理件数が増加しているので，故障の原因について，ミーティングを行った．そこで出てきた意見が，次のようなものであった．

- 感度が悪い
- 傘をささない
- ポケットにいれたまま
- 地面に落とす
- 長年使っている
- トイレに落とす
- 雨に濡れる
- バイクから落とす
- 熱をもつ
- 塗装がはげる
- スピーカーが壊れる
- ノイズが入る
- イヤホンが使えない
- 接続部分の変形
- お風呂で使う
- 水たまりに落とす
- 使用しながらの運転
- お風呂に落とす
- 自転車から落とす
- 電源が入らない
- 画面にひびが入る
- 画質が悪くなる
- 傷がつく
- 相手の声が聞こえない
- 充電ができない
- Wi-Fi に接続できない
- 正規でない部品の使用
- 踏む

これらの意見を統合・整理して，作成したのが図 8.2 の特性要因図である．Excel の描画機能で作成しなさい．

8.2 Excelによる特性要因図の作り方　127

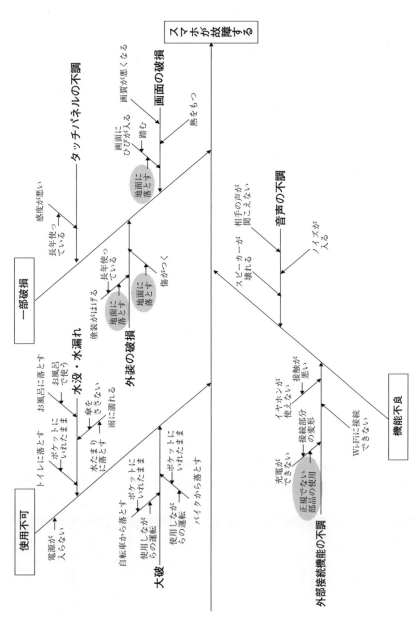

図 8.2 「スマホが故障する」の特性要因図

手順1. 特性の設定

この例題では，特性を「スマホが故障する」とします．

メニューから［**挿入**］→［**図**］→［**図形**］と選択します．このとき，図形の種類は［**基本図形**］の  を選択します．

次のように右端に縦長の図形を作成し，「**スマホが故障する**」と入力します．

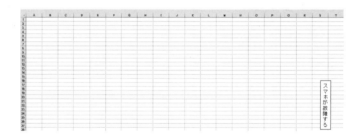

手順2. 背骨の作成

メニューから［**挿入**］→［**図**］→［**図形**］と選択します．このとき，図形の種類は［**線**］の ＼ を選択します．

特性の左側から矢印を右方向に引きます．矢印の種類と色は任意に設定します．

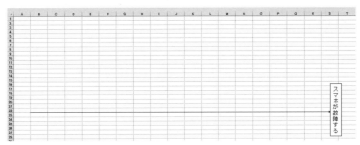

手順3．大骨の作成

故障の大きな要因を作成します．ここでは，故障の要因を「使用不可」，「一部破損」，「機能不良」と分類します．

メニューから［**挿入**］→［**図**］→［**図形**］と選択します．このとき，図形の種類は［**基本図形**］の  を選択します．

左上に横長の図形を作成し，大きな要因を入力します．

同様の手順で，他の大きな要因を作成します．

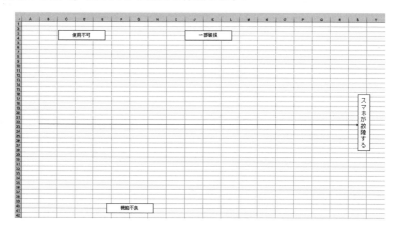

次に，大きな要因から背骨に向けて矢印を引きます．このとき，矢印の角度は，背骨に対してここでは45°になるようにします．手順は以下のとおりです．

まず，背骨に対して垂直に矢印を作成します．作成した矢印をクリックし，メニューから［**図形の書式**］と選択して，［**サイズ**］の右下にある をクリックします．

［**図形の書式設定**］画面が現れるので，［**サイズ**］を選択し，［**サイズと角度**］として［**回転**］→「**315°**」と設定します．

8.2 Excelによる特性要因図の作り方 131

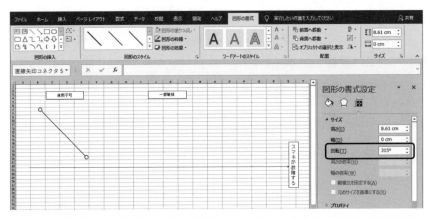

※回転角度は，時計回りに 10°，20°と傾いていくので，左向き 45°を設定するには，
　360°− 45°= 315°
と計算します．

　角度が変更されたら，矢印の開始位置を大きな要因に合わせて，そこから矢印を背骨に向けて伸ばします．このとき，[**図形の書式設定**] から，[**サイズ**] の [**高さ**] で矢印の長さを調節します．

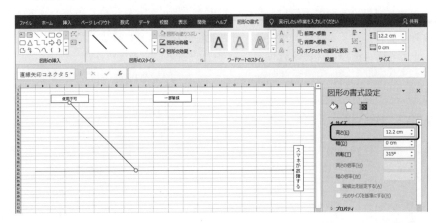

　同様の手順で，他の大きな要因にも矢印を引きます．最初に作成した矢印をコピーして他の要因に利用すると，バランスの良い特性要因図になります．
　下の段の矢印に利用する場合は，矢印をクリックし，メニューから [**図形**

の書式設定］→［オブジェクトの回転］→［左右反転］と選択後，もう一度矢印をクリックし，メニューから［図形の書式］→［オブジェクトの回転］→［上下反転］と選択します．

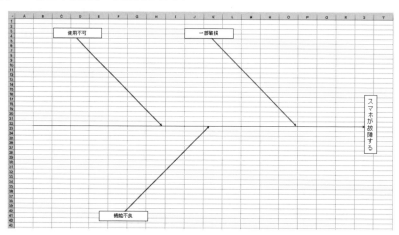

手順4．中骨以下の作成

大骨と同様の手順で中骨以下を作成します．このとき枠線は，中骨と孫骨は背骨と並行になるように，小骨は大骨と並行になるように作成していくと，次のような特性要因が作成されます．

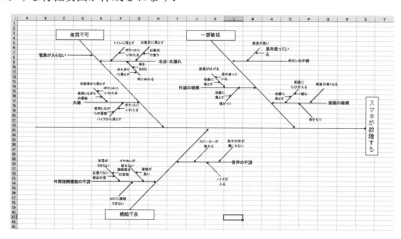

8.3　要因の絞り込み

　作成された特性要因図から，重要と思われる原因（主要因）を絞り込みます．ただし，ここで絞り込んだ主要因が真の原因であるという保証はありませんから，データによる確認が必要になります．

　この例題では，「正規でない部品の使用」，「地面に落とす」に絞り込むことにしました．絞り込んだ要因には，印をつけておくとよいでしょう．

　今後は，「正規でない部品の使用」がどの程度の件数があるのかをデータで確認するという作業が必要になります．

Point　　　　　　　要因の絞り込み

　要因を絞り込むには，2つの方法があります．
　① 選択法：この方法は重要と考えられる要因を選んでいく方法です．この方法は先入観から，きっとこれが原因だと決め込んでしまう危険性がありますので，データによる確認が非常に重要になります．
　② 消去法：この方法は原因の可能性が低いものを消していく方法です．消すためには，それだけの根拠が必要になりますから，選択法よりは先入観が働く危険性は低くなります．
　①と②のいずれの方法にせよ，データによる確認が重要です．

Point　　　　　　　図解のツール

　特性要因図はグラフではなく，図解手法ですから，Excelに向いた手法というわけではありません．このようなアイデアを整理するソフトとしては，アイデアプロセッサと呼ばれるソフトのほうが向いています．

　本書では，Excelを特性要因図の清書ツールとする使い方を紹介していますが，自作のマクロプログラムを作ると，要因を入力するだけで特性要因図を自動で作成することが可能になります．なお，図解手法はPowerPointと呼ばれるプレゼンテーションソフトのほうが作成しやすいといえます．

第9章
層　別

　層別はデータの集団を共通の項目でグループ（層）に分けることです．異質なデータが混在していると，データから特徴や傾向を読み取るときに，誤った結論を出す可能性があります．層別することにより，そのような誤りを防ぐことができると同時に，グループ同士を比較することも可能になります．層別は，手法ではなく，手法を有効に活用するためのテクニックといえます．

　この章では，層別の考え方と手法の適用例を紹介します．

9.1　層別とは

　層別とは，興味の対象となる集団を，何らかの共通点をもったグループ（層）に分けることです．層別は，統計的手法を有効に活用するためのテクニックで，改善活動の場面では，現状の把握や原因の追究においてよく行われます．

　層別してデータを処理する目的には，次の2つがあります．
　① グループに分けて比較したい．
　② 異質なものを別々に扱いたい．

　たとえば，製造工場で，ある製品の不適合が問題になったとしましょう．そのとき，製造に用いた機械が原因ではないかと考えたとすると，どの機械で製造しても不適合品率が高いのか，機械によって不適合品率に違いがあるのかといったことを調査することが必要になります．このとき，不適合品率を示すデータを機械で層別して，機械ごとの不適合品率を比較することが行われます．

　分析の結果，機械による違いが認められると，次に不適合品率の高い機械と低い機械の違いを追究して，不適合の原因を見つけることができます．これは，グループに分けて（機械に分けて）比較をしていることになります．

　一方，不適合といっても，「外観の不適合」や「性能の不適合」というように，不適合の現象が異なる場合には，不適合の現象ごとに原因や対策を考える必要が出てきます．このようなときには，不適合品を現象で層別して，集計・解析が行われます．これは，異質なものを別々に扱うために層別していることになります．

　層別を実施するには，データを収集するときに，あとでいろいろな観点から層別できるように，注目している結果を示すデータだけではなく，結果に関係のありそうなデータや，履歴（測定日，測定者，測定器）も記録しておくことが大切です．たとえば，体重のデータを収集するときに，体重のほかに，性別や血液型を記録しておくと，あとで，男女で分ける，血液型で分けるということが可能になります．

■ 層別の例

層別は，データの集団をグループ（層）別に分けることで，次のような集団があるとき，以下のように層別することができます．

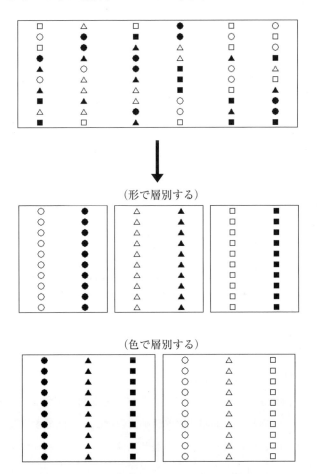

特徴や傾向が見られないデータの集団でも，層別することによって，そのままでは見えなかった特徴や傾向を発見できることがあります．

この章では，改善活動でよく使われるパレート図，ヒストグラム，散布図の層別した使い方を紹介していきます．

9.2 Excelによる層別パレート図

例題 9-1

例題 3-1 のデータは，あるタクシー会社が忘れ物の内容を調べた結果であった．このデータを表 9.1 のように改善活動の前後で層別し，パレート図を作りなさい．

表 9.1　活動期間別データ

忘れ物	活動前	活動後
袋物	407	327
衣類	714	687
財布	225	187
スマホ	1384	634
その他	270	165

■ 層別パレート図の考え方

層別したパレート図を作る場面には，次の 2 つがあります．
① 複数のパレート図を比較する．
② 上位項目を層別して，詳細な解析をする．

たとえば，例題 3-1 の忘れ物のデータをパレート図で表すと，図 9.1 のようになりました．このパレート図は改善活動前のパレート図です．改善活動の効果を見るには，改善活動後のパレート図と比較する必要があります．

改善活動の効果を測定するために，改善活動の前後で別々にパレート図を作成するのは，①の使い方になります．

9.2 Excelによる層別パレート図

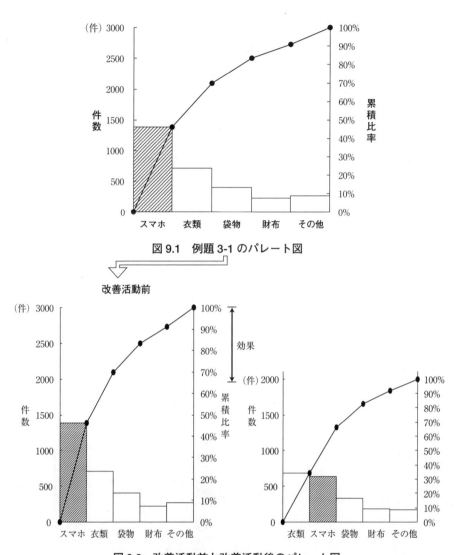

図9.1 例題 3-1 のパレート図

図9.2 改善活動前と改善活動後のパレート図

　改善活動前と改善活動後のパレート図から，スマホの忘れ物は，改善活動前に比べて 50% 以上削減したことがわかります．また，改善活動後は忘れ物の全体数が 1/3 減少し，忘れ物の低減活動は効果があったことを示しています．

■ 層別パレート図の作り方

手順1. データの入力とグラフの作成

改善活動の前と後のパレート図を別々に作成します．このとき，集計表も別々に作成します．パレート図の作り方は，例題3-1と同様です．

	A	B	C	D	E	F	G
1	忘れ物	改善前				忘れ物	改善後
2	スマホ	1384				衣類	687
3	衣類	714				スマホ	634
4	袋物	407				袋物	327
5	財布	225				財布	187
6	その他	270				その他	165

手順2. パレート図の配置

改善活動前と後のパレート図を横に並べて配置します．このとき，改善活動前後での忘れ物数を比較できるように，パレート図の高さを変更して，両者の縦軸の目盛数が同じ位置にくるようにします．

このように配置をすると，前後による変化を把握しやすくなります．

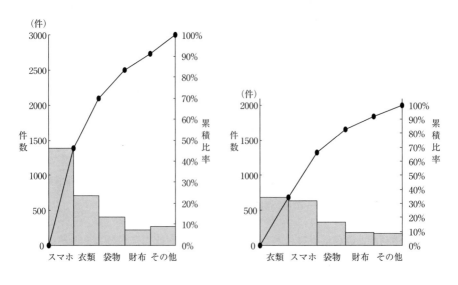

■ 別な観点からの層別

活動前後のパレート図を示しましたが，活動前に層別したパレート図の第1項目をさらに細かく層別するという解析の進め方もあります．

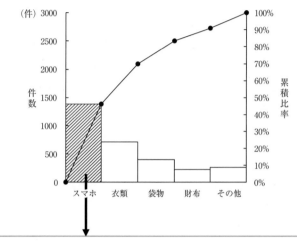

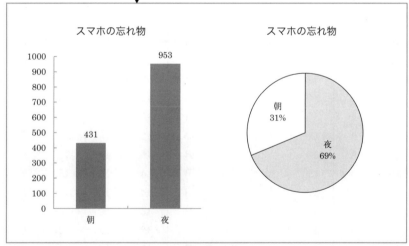

このようにすると，スマホの忘れ物は，朝方よりも夜間に多く発生していることがわかり，夜間の乗客には特に注意を促すといった対策をとることができるようになります．

9.3　Excelによる層別ヒストグラム

例題 9-2

　例題 4-1 のデータは，ある製菓工場で作られたクッキーの重さを調べた結果であったが，このクッキーは，2つの機械で作られていることがわかった（表 9.2）．このデータを機械 A と機械 B で層別してヒストグラムを作成して比

表 9.2　種類別データ表

重さ	種類	重さ	種類	重さ	種類	重さ	種類	重さ	種類
3.5	A	3.5	A	4.0	A	3.7	B	3.1	B
4.4	A	4.2	A	3.5	A	3.3	B	3.5	B
3.1	A	3.4	A	3.3	A	3.4	B	3.4	B
3.3	A	3.8	A	3.6	A	3.0	B	3.4	B
3.8	A	3.9	A	4.1	A	3.2	B	2.8	B
3.6	A	3.4	A	3.6	A	3.4	B	3.4	B
3.6	A	3.0	A	3.9	A	3.7	B	3.5	B
3.3	A	3.2	A	3.6	A	3.3	B	3.6	B
3.2	A	3.0	A	3.4	A	3.3	B	3.0	B
3.3	A	3.5	A	3.4	A	3.8	B	3.5	B
3.7	A	3.7	A	3.3	B	3.2	B	3.6	B
3.9	A	3.9	A	3.5	B	3.6	B	3.2	B
3.9	A	4.1	A	3.5	B	3.4	B	3.8	B
4.2	A	3.5	A	3.3	B	3.4	B	3.1	B
3.7	A	3.6	A	3.4	B	3.5	B	2.8	B
3.7	A	3.6	A	3.7	B	3.2	B	3.4	B
3.4	A	3.6	A	3.5	B	3.7	B	3.4	B
3.9	A	3.2	A	3.5	B	3.1	B	3.0	B
3.1	A	3.7	A	3.1	B	3.3	B	3.3	B
3.9	A	3.9	A	3.4	B	3.8	B	3.8	B

較しなさい.

■ 層別ヒストグラムの考え方

ヒストグラムを層別する目的には，次の2つがあります．
① 層による平均値やばらつきの違いを比較する．
② 層ごとに平均値やばらつきを把握する．

例題4-1のクッキーの重さをヒストグラムで表すと，図9.3のようになります．

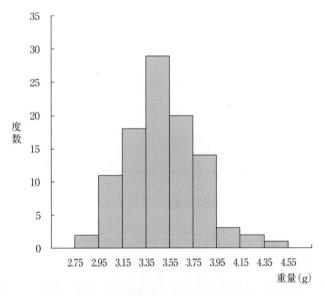

図 9.3　例題 4-1 のヒストグラム

このクッキーは，2つの機械（AとB）で製造されていることがわかりました．
そこで，機械によってクッキーの重さに差があるかを確認するために，機械で層別してみることにしましょう（図9.4）．

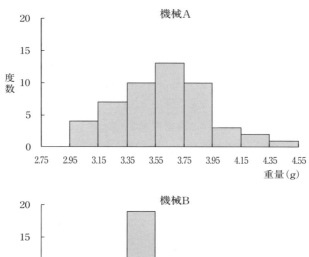

図 9.4　機械で層別したヒストグラム

　層別ヒストグラムから，機械 A のほうが，クッキーの重さのばらつきが大きいことがわかります．機械 A と機械 B の機能の違いを追究することで，クッキーの重さがばらつく原因を見つけられる可能性があります．

■ 層別ヒストグラムの作り方

手順 1.　データの入力

　セル A2 から A51 に機械 A のデータを入力します．
　セル B2 から B51 に機械 B のデータを入力します．

9.3 Excelによる層別ヒストグラム

	A	B
1	A	B
2	3.5	3.3
3	4.4	3.5
4	3.1	3.5
5	3.3	3.3
6	3.8	3.4
7	3.6	3.7
8	3.6	3.5
9	3.3	3.5
10	3.2	3.1

手順2. 区間数や区間幅の設定

E2からE10に，例題4-1と同じ手順で，区間数や区間幅を決めるための計算をします．このとき，AとBは分けずに考えます．

	A	B	C	D	E
1	A	B			
2	3.5	3.3		測定単位	0.1
3	4.4	3.5		データ数 n	100
4	3.1	3.5		最大値	4.4
5	3.3	3.3		最小値	2.8
6	3.8	3.4		範囲 R	1.6
7	3.6	3.7		nの平方根	10
8	3.6	3.5		区間の数	10
9	3.3	3.5		仮の区間の幅	0.16
10	3.2	3.1		区間の幅	0.2

手順3. 度数分布表の作成

セルF3からJ11に，例題4-1と同じ手順で，上側境界値，下側境界値，中心値，度数をそれぞれ求めます．今度は，度数をAとBに分けて集計します．

	A	B	C	D	E	F	G	H	I	J
1	A	B				区間				
2	3.5	3.3		測定単位	0.1	下側境界値	上側境界値	中心値	機械A	機械B
3	4.4	3.5		データ数 n	100	2.75	2.95	2.85	0	2
4	3.1	3.5		最大値	4.4	2.95	3.15	3.05	4	7
5	3.3	3.3		最小値	2.8	3.15	3.35	3.25	7	11
6	3.8	3.4		範囲 R	1.6	3.35	3.55	3.45	10	19
7	3.6	3.7		nの平方根	10	3.55	3.75	3.65	13	7
8	3.6	3.5		区間の数	10	3.75	3.95	3.85	10	4
9	3.3	3.5		仮の区間の幅	0.16	3.95	4.15	4.05	3	0
10	3.2	3.1		区間の幅	0.2	4.15	4.35	4.25	2	0
11	3.3	3.4				4.35	4.55	4.45	1	0

◆セルに入力する数式・関数（度数の集計）

[I3]　＝ FREQUENCY($A$2：$A$51, G3)

[I4]　＝ FREQUENCY($A$2：$A$51, G4) − FREQUENCY($A$2：$A$51, G3)
　　　　（I4 を I5 から I11 まで複写）

[J3]　＝ FREQUENCY($B$2：$B$51, G3)

[J4]　＝ FREQUENCY($B$2：$B$51, G4) − FREQUENCY($B$2：$B$51, G3)
　　　　（J4 を J5 から J11 まで複写）

手順4． グラフの作成

AとBのヒストグラムを別々に作成します．ヒストグラムの作り方は例題4-1と同様です．

1) 範囲の選択

データ範囲の指定はAのヒストグラムはH2からI11をドラッグし，BのヒストグラムはH2からH11と，J2からJ11をドラッグしてそれぞれヒストグラムを作成します．

	A	B	C	D	E	F	G	H	I	J
1	A	B					区間			
2	3.5	3.3		測定単位	0.1	下側境界値	上側境界値		度数A	度数B
3	4.4	3.5		データ数 n	100	2.75	2.95	2.85	0	2
4	3.1	3.5		最大値	4.4	2.95	3.15	3.05	4	7
5	3.3	3.3		最小値	2.8	3.15	3.35	3.25	7	11
6	3.8	3.4		範囲 R	1.6	3.35	3.55	3.45	10	19
7	3.6	3.7		nの平方根	10	3.55	3.75	3.65	13	7
8	3.6	3.5		区間の数	10	3.75	3.95	3.85	10	4
9	3.3	3.5		仮の区間の幅	0.16	3.95	4.15	4.05	3	0
10	3.2	3.1		区間の幅	0.2	4.15	4.35	4.25	2	0
11	3.3	3.4				4.35	4.55	4.45	1	0

2) グラフの配置

層別ヒストグラムは，中心の位置やばらつきを比較し，外れ値の有無を確認することを目的としているので，横軸の目盛をそろえて，縦に並べます．

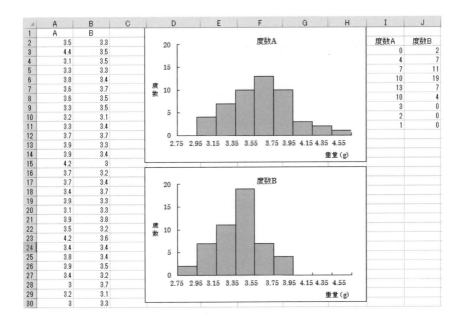

また，縦軸の目盛も統一しておくと，度数の比較もしやすくなります．

9.4 Excelによる層別散布図

例題9-3

例題5-1のデータは，ある会社の社員食堂における食材の品目数と残食数の関係を調べた結果であった．この社員食堂の献立は，2人の担当者がシフト制で作成していることがわかった．このデータに担当者を追加したのが表9.3です．担当者で層別し，担当者の作成する献立内容によって，品目数と残食数の関係に違いがあるかを調べなさい．

表9.3　担当者別データ表

No.	1	2	3	4	5	6	7	8	9	10	11	12	13	14	15
品目数	15	18	15	14	16	14	19	16	18	12	15	22	14	15	17
残食数	88	87	89	103	88	92	76	89	94	99	92	68	106	106	99
担当者	A	A	A	B	A	A	A	B	B	A	A	A	B	B	B

No.	16	17	18	19	20	21	22	23	24	25	26	27	28	29	30
品目数	21	15	17	21	15	18	19	14	16	13	16	23	20	21	16
残食数	67	106	89	87	94	107	76	98	92	111	99	90	88	76	96
担当者	A	B	A	B	A	B	A	A	A	B	B	B	B	B	B

■ 層別散布図の考え方

散布図を層別する目的には，次の2つがあります．
① 層による2種類のデータの関係の違いを比較する．
② 層ごとに2種類のデータの関係を把握する．

ここでは，①の観点から担当者で層別した散布図を作成します．層別した散布図は，図9.5のようになります．

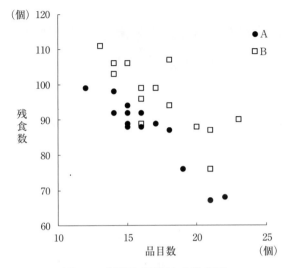

図 9.5　担当者で層別した散布図

　層別散布図から，食材の品目数と残食数には，どちらの担当者にも負の相関があることが確認できます．しかし，A さんと B さんが同じ品目数で献立を作成したとき，B さんの献立の残食数が多い傾向が見られますので，残食数を減らすことを考えるならば，B さんの献立内容を見直す必要があります．

■ 層別散布図の作り方

手順 1．データの入力

　品目数を左の列に，残食数を右の列に入力します．

　このとき，残食数は，担当者ごとに列をずらして入力します．凡例がわかりやすくなるように，品目数というタイトルではなく，担当者名を入力しておきます．

手順 2．グラフの作成

　セル A1 から C31 をドラッグし，散布図を作成します．散布図の作り方は，例題 5-1 と同様です．

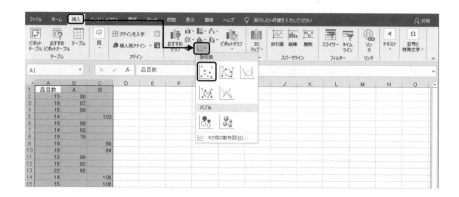

体裁を整えると，次のような層別散布図が完成します．

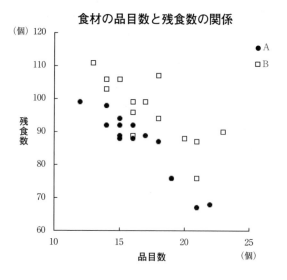

第10章 改善活動とQC手法

　これまでの章では，QC七つ道具を中心としたQC手法を個々に取り上げて解説してきましたが，本章では，それぞれの手法を改善活動のどのような場面で，どのように活用していけばよいのか，事例を通じて解説します。

　なお，改善活動はQCストーリーに沿って，効率的に進めることが重要ですから，この章で紹介する事例も，QCストーリーに沿って紹介します。

10.1　問題の背景

　ある温泉街の U 旅館では，ここ数年，宿泊客の減少が続いていました．このため，宿泊客減少の原因を探り，なんらかの対策を考える必要性に迫られていました．

　最初に，宿泊客の減少は，旅館に原因があるのではなく，この街への観光客数が減っているからではないかと考えて，月々の宿泊客数と地域の観光客数を調べたところ，相関関係はないことがわかりました．

　このことから，観光客数が減っていることが宿泊客減少の原因ではなく，旅館のサービスに対する満足度が低いことが原因なのではないかと考え，宿泊客に対して，表 10.1 のようなアンケート調査を行いました．

表 10.1　アンケート用紙

お客様アンケート

　このたびは，当旅館をご利用いただきまして，誠にありがとうございます．
　当旅館では，サービス向上のためにアンケートを実施しております．以下の質問にご回答いただきますようご協力をお願いいたします．

No.	質問項目	回答
1	当旅館のご利用は何回目ですか．	初めて・2回目・3回目以上
2	当旅館のサービスには満足いただけましたか．	満足・どちらともいえない・不満足
3	問2で「不満足」と回答したお客様へ質問です．満足しなかったものを選んでください．(複数選択可)	サービス・部屋・料理・料金 アメニティ・その他（　　）
4	問3で選択した項目に対するご意見をお書きください．	（　　　　　　）
5	当旅館をまた利用したいと思いますか．	思う・思わない
6	ご意見・ご要望を自由にお書きください．	（　　　　　　）

ご協力ありがとうございました．

10.2 QCストーリーによる改善活動の実践
～料理の不満を減らそう～

【1】テーマの選定

テーマはお客様に迷惑をかけていること，自分たちが困っていることの中から，重要度の大きなものを選定します．

ここでは，宿泊客の減少という問題が明確にあるので，この問題を詳細に検討するために，アンケート調査による分析を行いました（図10.1～10.4）．

その結果，U旅館の宿泊客のほとんどが初めての人で，リピーターが極端に少ないことが判明しました．また，サービスの満足度や，「また利用したいか」といった質問をしたところ，「不満足/思わない」との回答が多数見られ，特に，料理に対する不満が多く，リピートにつながっていないという問題が浮かび上がりました．

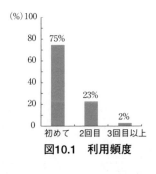

図10.1 利用頻度

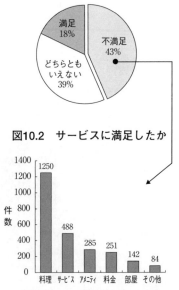

図10.2 サービスに満足したか

図10.4 不満を感じている項目

図10.3 次回もU旅館を利用したいか

【2】現状の把握と目標の設定

2-1 現状の把握

料理に不満を感じている人の理由を詳細に分析したところ，「美味しくない」「メニューが同じ」という意見が，全体の70％を占めていることがわかりました（図10.5）．ここで，「メニューが同じ」という理由は，リピーターの意見に限られますので，今回の改善項目から除外しました．

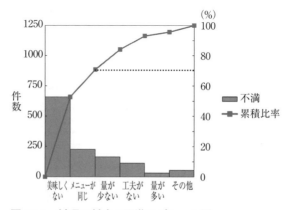

図10.5　料理に対する不満のパレート図

2-2 目標の設定

アンケート調査の結果から，U旅館では顧客の不満を削減するために，「"料理が美味しくない"という不満を半減させる！」という目標を設定しました（図10.6）．

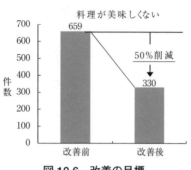

図10.6　改善の目標

【3】活動計画の作成

図 10.7 のような活動計画で改善活動を進めていきます．

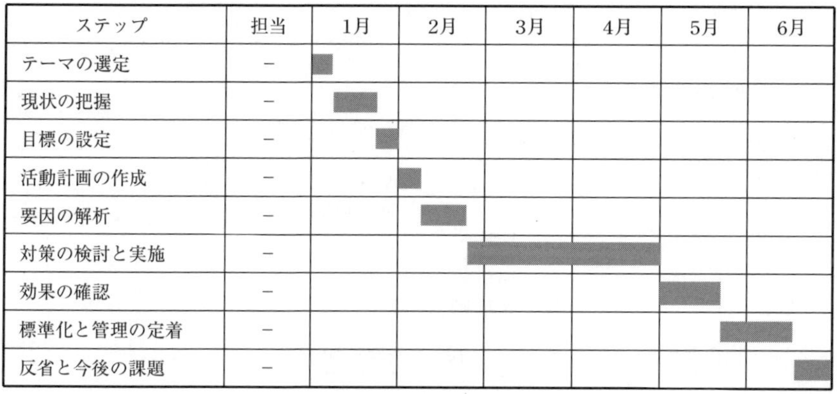

ステップ	担当	1月	2月	3月	4月	5月	6月
テーマの選定	−	▬					
現状の把握	−	▬					
目標の設定	−		▬				
活動計画の作成	−		▬				
要因の解析	−		▬				
対策の検討と実施	−			▬▬▬▬			
効果の確認	−					▬	
標準化と管理の定着	−					▬▬	
反省と今後の課題	−						▬

図 10.7 活動計画

【4】要因の解析

4-1 要因の洗い出し

お客様アンケートで一番不満の多かった「料理が美味しくない」と書いた人の内容を吟味したところ，次のような意見が多数を占めていました．

① 見た目が悪い
② 味が悪い
③ 料理がぬるい
④ 嫌いな料理が多い

この4つを大きな要因として，さらなる要因をスタッフ同士で話し合い，図 10.8 のような特性要因図に整理しました．

この図の中の「調理の加熱が十分ではない」，「スタッフが料理を厨房へ取りに来るのが遅い」，「人員が少ない」を主要因と考え，データで検証することにしました．

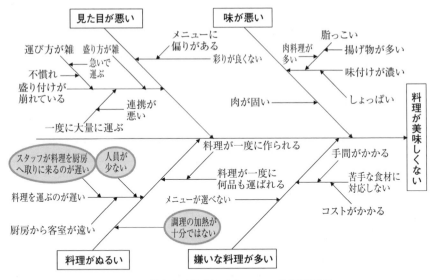

図 10.8 「料理が美味しくない」の特性要因図

4-2 要因の検証

［検証1］ 調理の加熱が十分ではない

調理の加熱時間が管理状態にあるかどうかを確認するために，厨房で温かい料理を作るときに計測している主菜の中心温度の管理図を作成しました（図10.9）．

中心温度はすべて 85 度以上で，安定していることがわかり，調理の加熱時間は，料理がぬるいことの要因ではないと判断することにしました．

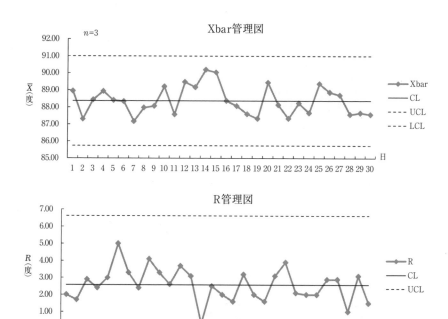

図 10.9 中心温度の管理図

［検証 2］ スタッフが料理を厨房へ取りに来るのが遅い

スタッフが料理を取りに来るのが遅いかどうかを検証するために，料理が出来てからスタッフが取りに来るまでの時間をフロアごとに調査しました（図 10.10）．規則では 5 分（300 秒）以内と設定されています．

調査の結果，3 階，4 階と厨房から遠くなるにつれて，料理を取りに来るまでの時間がかかっていることがわかり，取りに来るのが遅いことが，料理がぬるいことの要因であると判断しました．また，3 階に外れ値が 2 つあり，その 2 つはともに，ある特定の一人のスタッフであることが判明しました．

［検証 3］ 人員が少ない

人員不足かどうかを検証するために，予約の客室数と出勤スタッフの人数の関係を散布図と相関係数で調べました（図 10.11）．この結果，予約の客室数と

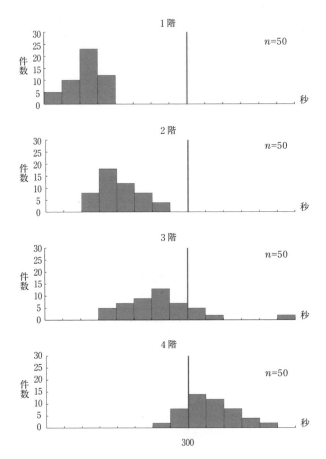

図10.10 「料理を取りに来るまでの時間(秒)」の層別ヒストグラム

スタッフ数の間には何の関係もなく(相関係数 = 0.0169)，予約の客室数に関係なく，スタッフのシフトが組まれているという事実が判明し，そこから人員不足が生じていることがわかりました．このことも料理がぬるい要因であると判断しました．

また，一人当たりの平均担当部屋数を各階別に計算したところ，表10.2のような結果になり，フロアによって人員配置を考慮していないことがわかりました．

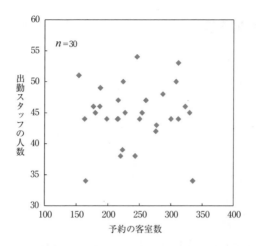

図 10.11　予約の客室数と出勤スタッフの人数の散布図

表 10.2　平均担当部屋数

1 階	5.08
2 階	5.87
3 階	5.33
4 階	5.60

以上のことから，次の要因について対策をとることにしました．
①　スタッフが料理を厨房へ取りに来るのが遅い
②　人員が少ない

【5】対策の検討と実施

要因解析の結果を踏まえ,
① スタッフが料理を厨房へ取りに来るのが遅い
② 人員が少ない

という2つの要因を改善するための対策をスタッフ同士で話し合い,表10.3のとおり評価しました.

総合的に評価した結果,次の2つの対策を実施することにしました.

対策1 階ごとに配膳人数を変える
→厨房までの距離が近い1階の配膳人数を少なくし,厨房までの距離が遠い3階と4階の配膳人数を多くすることで,各階の配膳スピードが同じになるようにする.

対策2 予約客室数に合わせてスタッフの出勤人数を調整する
→毎日,翌々日の予約客数を確認し,予約数に合わせてスタッフの出勤人数を調整する.

表10.3 対策案

要因 / 対策		具体策	利便性	コスト	効果	期間	評価
改善すべき要因	スタッフが料理を厨房へ取りに来るのが遅い	各階に配膳用エレベーターを設け,作られた食事が自動で各階へ運ばれるようにする.	◎	高い	◎	長期	△
		保温機能付きの配膳カートを使用する.	○	高い	◎	短期	○
		階ごとに配膳人員数を変える.	○	安い	◎	短期	◎
	人員が少ない	食事処を設け,客室配膳をやめる.	○	高い	○	長期	△
		予約客室数に合わせてスタッフの出勤人数を調整する.	○	安い	○	短期	◎

◎ 非常に良い　○ 良い　△ 不十分

【6】効果の確認

2つの対策を実施した結果，次のような改善効果が見られました．

効果1 階ごとに配膳人数を変えることの効果

階ごとに配膳人数を変更した後，料理が出来てからスタッフが取りに来るまでの時間をフロアごとに再調査しました．その結果，図10.12のとおり階による時間の差が小さくなり，さらに，どの階も300秒以内に料理を取りに来れるようになっていることがわかります．

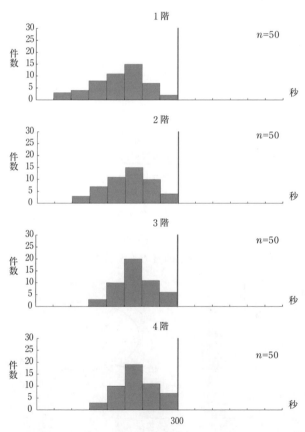

図10.12　「料理を取りに来るまでの時間(秒)」の層別ヒストグラム(対策後)

効果2 予約客室数に合わせてスタッフの出勤人数を調整することの効果

　出勤人数を調整した結果，予約の客室数と出勤スタッフの人数の関係は，図 10.13 のような正の相関（相関関係 = 0.9233）になり，予約の多い日は出勤スタッフも多く，予約の少ない日は出勤スタッフも少なくしていることが確認されました．

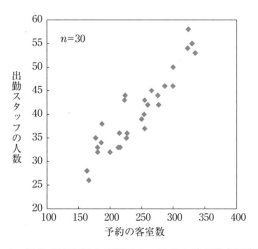

図 10.13　予約の客室数と出勤スタッフの人数の散布図（改善後）

　その結果，図 10.14 のとおり出勤スタッフ数の偏りがなくなり，人員不足が解消されました．さらに，1 日当たりのスタッフ数が 44.8 人から 40.4 人へ減少し，約 4.5 人分の人件費が削減できました．

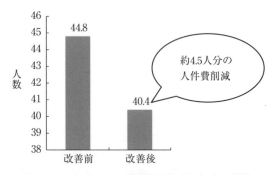

図 10.14　スタッフの平均出勤人数（日）の推移

目標に対する効果　料理が美味しくないという不満を半減させる効果

　改善活動後に再度顧客アンケートを実施したところ，不満の件数が1250件から900件へと減少しました（図10.15）．

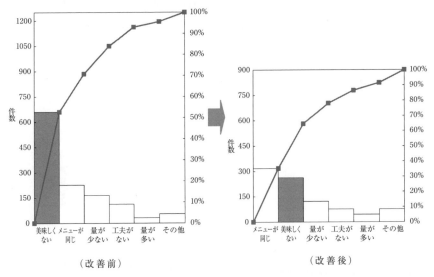

図 10.15　料理に対する不満のパレート図

　とくに，「料理が美味しくない」という不満については，659件から265件に減少し，不満件数を約60%削減することができました（図10.16）．

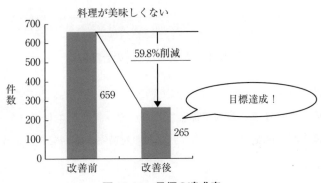

図 10.16　目標の達成度

【7】標準化と管理の定着

　スタッフの出勤人数の調整とフロア配属の方法をマニュアル化し，誰でもシフトが組めるようにしました．また，定期的に各フロアの料理を取りに来るまでの時間を測定して，配膳スピードの管理をすることになりました（図10.17）．

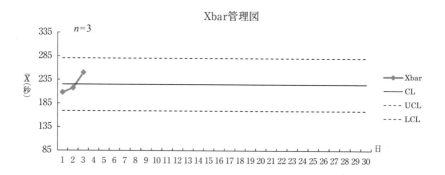

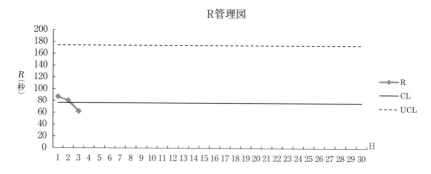

図 10.17　配膳スピードの管理図

　今回の改善活動では，「人件費の削減」という副次効果を得ることもできました．このことにより，最初に提案されていた「配膳用エレベーターの設置」や「保温機能付き配膳カートの導入」などの対策案も検討できるようになりました．

10.3 PowerPoint の活用

　改善活動の経過と結果は，技術の蓄積になるように，文書として残しておくことが大切です．そのためには，活動の経過を QC ストーリーに沿って，PowerPoint にまとめるとよいでしょう．
　PowerPoint は，
　① 発表会におけるプレゼンテーションのための道具
　② 改善活動の報告書を作成するための道具
といった使い方があります．
　プレゼンテーションのときには，文字があまり多くならないように，人に読ませるのではなく，人に見せることに主眼を置きます．
　以下に，プレゼンテーションにおける PowerPoint の作成例を示します．

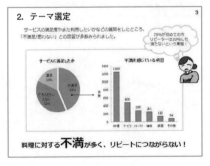

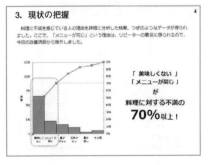

第10章　改善活動とQC手法

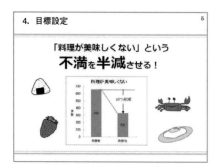
4. 目標設定

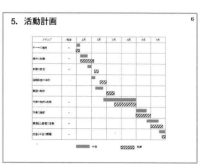
5. 活動計画

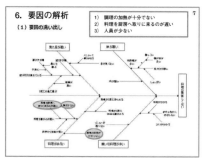
6. 要因の解析

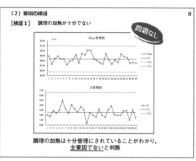
(2) 要因の検証

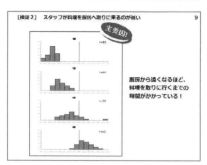
[検証2] スタッフが料理を厨房へ取りに来るのが遅い

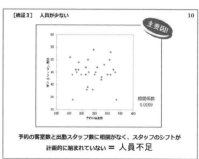
[検証3] 人員が少ない

7. 対策の検討と実施

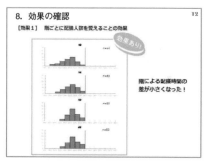
8. 効果の確認

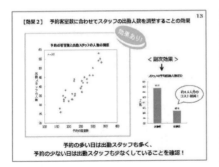
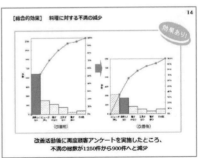
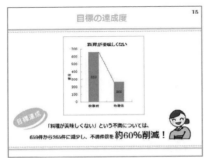

　以上のように，改善活動の経過を16枚のスライドにまとめましたが，何枚が適当な枚数であるかというのは，発表時間にもよりますので，一概に示すことはできませんが，1分に1〜2枚を目安とするのも良いでしょう．

　また，QCストーリーでまとめるときには，1つのステップにつき1〜3枚のスライドに整理すると良いでしょう．

付録
Excel 2016の新しいグラフ機能

A.1　名称ラベル付き散布図

Excel 2016 から散布図上に個体の名称を簡単に付けられるようになりました．いま，次のような学生 7 人の英語と国語の試験の点数に関するデータがあるものとしましょう．

名前	英語	国語
A	30	60
B	80	90
C	60	80
D	40	50
E	50	70
F	20	30
G	10	50

通常の散布図を作成すると，次のような散布図になります．

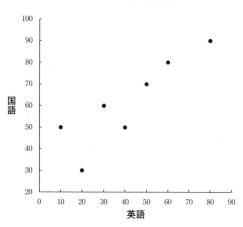

右上がりの形状を示しており，英語と国語の成績には正の相関があることがわかります．

さて，この散布図ではデータ表を見ないと，誰がどの点に位置しているのか

を見つけることができません．このようなときには，点の位置に名前を表示させたくなります．Excel 2016 から簡単に次に示す散布図を作成できるようになりました．

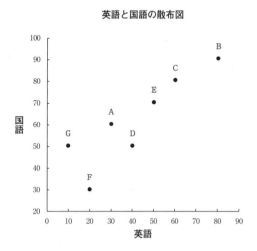

英語と国語の散布図

バブルチャートでも以下のように名称ラベル付きのグラフを作成することができます．

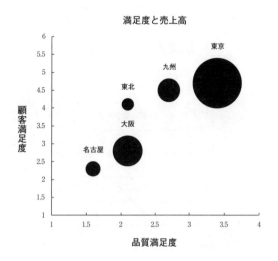

満足度と売上高

A.2 ツリーマップ

次のような分割表があるものとしましょう．

		品質	
		良	不良
機械	A	90	10
	B	30	20

表中の数字は個数を意味していて，機械Aを使って製造した製品は90個が良品で，10個が不良品，機械Bを使って製造した製品は30個が良品で，20個が不良品であったことを示しています．このような表は帯グラフまはた不良率を計算して折れ線グラフで表現するのが一般的です．

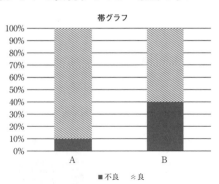

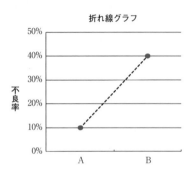

この他に Excel 2016 から作成できるようになったツリーマップを使って，次のようなグラフで表現することができます．

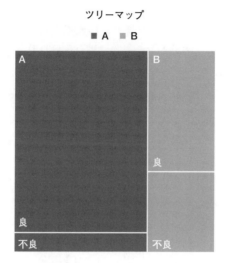

なお，ツリーマップを作成するときには，次に示すように分割表を階層的な集計表に変えておかなくてはいけません．

		品質	
		良	不良
機械	A	90	10
	B	30	20

機械	品質	個数
A	良	90
	不良	10
B	良	30
	不良	20

A.3 箱ひげ図

Excel 2016 からヒストグラムが簡単に作成できるようになったと同時に，箱ひげ図を作成できるようになりました．箱ひげ図はヒストグラムと同様に計量値データのグラフ化に適しています．

次に例を示しますが，対比させるために，個々のデータをプロットするドットプロット（縦型）も右に示しています．

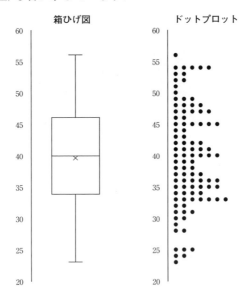

箱ひげ図は次の 5 つの数値を箱とひげで表現しています．

① 最大値
② 第 1 四分位数
③ 中央値
④ 第 2 四分位数
⑤ 最小値

データを上記の 5 つの数値にまとめることを「五数要約」と呼んでいます．

第1四分位数は25パーセンタイルとも呼ばれ，その数値以下のデータの数が全体の25%を占める値です．一方，第3四分位数は75パーセンタイルとも呼ばれ，その数値以上のデータの数か全体の25%を占める値です．なお，中央値は50パーセンタイルであり，第2四分位数とも呼ばれます．5つの数と箱ひげ図の位置関係は次のようになります．

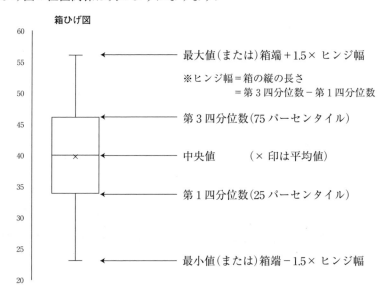

この例には外れ値(飛び離れた値)が存在しませんが，外れ値が存在するときには，ひげ端の外側に外れ値が表示されます．

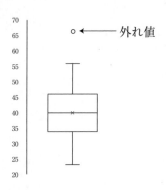

参考文献

[1] 内田治:『ビジュアル品質管理の基本(第4版)』,日本経済新聞出版社,2010年.
[2] 内田治:『QC検定3級品質管理の手法30ポイント』,日科技連出版社,2010年.
[3] 内田治:『QC検定2級品質管理の手法50ポイント』,日科技連出版社,2014年.
[4] 内田治:『すぐに使えるEXCELによる品質管理』,東京図書,2011年.
[5] 内田治・吉富公彦:『QCストーリーとQC七つ道具』,日本能率協会マネジメントセンター,2017年.
[6] 日本規格協会(編集):『JISハンドブック品質管理2018』,日本規格協会,2018年.

索　引

[Excel 関数]

AVERAGE　24, 115
CORREL　80
COUNT　58
COUNTA　121
COUNTIFS　91
DEVSQ　24
FREQUENCY　59, 62, 63, 146
IF　95
IFERROR　121
MAX　24, 58, 74, 115
MEDIAN　24
MIN　24, 58, 74, 115
SQRT　58
STDEV　24
STDEV.S　24
SUM　32, 33, 46
VAR　24
VAR.S　24
VLOOKUP　121

[英数字]

2つの管理図の合併　121
3シグマ限界　107
3シグマ法　107
CL　106
c 管理図　109
Excel による統計量の求め方　23
Excel のグラフ　84
LCL　106
np 管理図　109
PDCA のサイクル　3
p 管理図　109
QC 手法　4
QC ストーリー　8
　——による改善活動　153
QC 的問題解決　2
QC 七つ道具　4
R 管理図　108
s 管理図　108
UCL　106
u 管理図　109
X 管理図　108
$\bar{X}$-R 管理図の作り方　114
$\bar{X}$-R 管理図の見方　113
$\bar{X}$ 管理図　108

[あ　行]

異常原因　106
円グラフ　85, 99, 102
帯グラフ　86, 102

[か　行]

回帰直線　81
回帰分析　81

索 引

解析用管理図　107
改善活動　1
　──でよく使うグラフ　84
課題解決型 QC ストーリー　9
下方管理限界　106
管理限界線　106
管理限界の計算　115
管理図　106
　──係数の自動変更方法　121
　──係数表　116
　──の見方　109
　──の用途　107
管理用管理図　107
寄与率　80
偶然原因　106
グラフの選択の影響　101
グラフの作り方　89
グラフ目盛の向き　49
群　111
　──の大きさ　111
計数値　12
計量値　12
　──データ　174
言語データ　6, 13
五数要約　174

[さ 行]

最頻値　16
散布図　68, 79, 81, 103, 170
　──の形　77
　──の作り方　71
　──の見方　70
重点指向　2

順位値　13
上方管理限界　106
新 QC 七つ道具　4
数値データ　6, 12
ステレオグラム　86, 102
　──の回転　88
正の相関関係　68
相関関係　68, 78, 79, 80
　──の算出方法　80
　──の見方　78
層別　136
　──散布図　148
　──散布図の作り方　149
　──パレート図　138
　──パレート図の作り方　140
　──ヒストグラム　142
　──ヒストグラムの作り方　144
その他の扱い　30, 40

[た 行]

第 1 四分位数　175
第 3 四分位数　175
単純分類値　13
中央値　15, 175
中心線　106
ツリーマップ　172
定性データ　13
定量データ　13
データの種類　6, 12
データの分類　12
データの要約　14
統計量　14
特性要因図　124

索 引

──の使い方　124
──の作り方　125, 126
度数分布表　52
ドットプロット　87, 95, 101
──の形　98

[は 行]

箱ひげ図　174, 175
外れ値　15, 70, 101, 175
バブルチャート　87, 89, 103, 171
ばらつき　17
──の重視　3
パレート図　26
──の考え方　27
──の作成方法　41
──の作り方　28, 31, 45
──の見方　27
範囲　16
非数値データ　13
ヒストグラム　52, 101
──の形　54
──の作り方　55, 57, 64
──の見方　53
標準偏差　20
比率　13
品質第一　3
負の相関関係　68
ブレーン・ストーミング法　125
プロセスの重視　3

分散　19
分析ツール　24
平均値　14, 175
偏差　17
偏差平方和　18
──の計算方法　21

[ま 行]

マーケット・イン　3
無相関　68
名称ラベル付き散布図　170
メディアン　15
──管理図　108
問題　2
問題解決　2
問題解決型 QC ストーリー　9

[や 行]

要因解析　124
要因の絞り込み　125, 133
横棒グラフ　85, 100

[ら 行]

レーダーチャート　87, 93
──の系列数　94

[わ 行]

割合　13

著者紹介

内田　治（うちだ　おさむ）

東京情報大学，日本女子大学大学院　非常勤講師
統計解析・多変量解析・実験計画法・品質管理・データマイニング・アンケート調査・官能評価を担当．

【著書】
『例解データマイニング入門』（日本経済新聞社，2002）
『グラフ活用の技術』（PHP研究所，2005）
『すぐわかる EXCEL による品質管理 ［第2版］』（東京図書，2004）
『数量化理論とテキストマイニング』（日科技連出版社，2010）
『QC 検定3級　品質管理の手法30ポイント』（日科技連出版社，2010）
『相関分析の基本と活用』（日科技連出版社，2011）
『主成分分析の基本と活用』（日科技連出版社，2013）
『QC 検定2級　品質管理の手法50ポイント』（日科技連出版社，2014）
『ビジュアル品質管理の基本 ［第5版］』（日本経済新聞社，2016）
他

平野綾子（ひらの　あやこ）

スタッツギルド株式会社　データ解析コンサルタント
株式会社テックデザイン　嘱託研究員
官能評価・アンケート調査・人事評価を中心に企業におけるデータの統計解析を指導・支援する．
栄養士として病院へ勤務後，統計解析を学び，食品に関するデータの解析に従事し，その後，人材開発・人事関連のコンサルティング会社にて，アンケート調査・人事評価データの解析を担当．

【著書】
『JMP によるデータ分析』（共著，東京図書，2011）

改善に役立つ Excel による QC 手法の実践 Excel 2019 対応

2012 年 3 月 24 日　第 1 版第 1 刷発行
2018 年 2 月 26 日　第 1 版第 6 刷発行
2019 年 10 月 29 日　第 2 版第 1 刷発行
2024 年 8 月 5 日　第 2 版第 4 刷発行

著　者　内　田　　　治
　　　　平　野　綾　子
発行人　戸　羽　節　文

発行所　株式会社　日科技連出版社
〒 151-0051　東京都渋谷区千駄ヶ谷 5-15-5
　　　　　　DS ビル
　　　　　　電　話　出版　03-5379-1244
　　　　　　　　　　営業　03-5379-1238

検印省略

印刷・製本　河北印刷株式会社

Printed in Japan

Ⓒ *Osamu Uchida, Ayako Hirano* 2012, 2019　ISBN978-4-8171-9681-1
URL http://www.juse-p.co.jp/

本書の全部または一部を無断でコピー，スキャン，デジタル化などの複製をすることは著作権法上での例外を除き禁じられています．本書を代行業者等の第三者に依頼してスキャンやデジタル化することは，たとえ個人や家庭内での利用でも著作権法違反です．